ファーマーズマーケット

農産物直売所運営のてびき

―地域の活力を生み出す直売活動―

はじめに

近年、農業者の所得向上、農産物の付加価値化、農山村における地産地消や地域文化継承の拠点として、農業者が運営する農産物直売所（ファーマーズ・マーケット）が地域の活力を呼び戻す活動として注目されてきています。

これは、多様化する消費者ニーズのなかで国内農産物や地元農産物に対する品質への信頼の高まりや、直接販売（ダイレクト・マーケティング）により流通コストを削減し、生産者と消費者の双方の利益を拡大していこうとする世の中の潮流とも連動する成長産業として、今後さらなる発展が期待されます。

しかしながら、ブームに流された安易な農産物直売所の開設や運営は、消費者の信頼を損ない、地域間競合により淘汰される懸念もあります。直売所の運営では、担い手となる農業者間での理念の確立や組織体制づくりが成功の要となってきています。また、農産物直売所は量販店や土産物店などでは得られない農山村の「もの」と「こころ」とを提供する空間であり、地域活性化の拠点でもあります。

さらに、成功している農産物直売所では、農村レストランの併設、学校給食や福祉施設への食材供給、貸し農園の開設など、さまざまな波及効果を生み出し、直売所の開設を契機に農業の付加価値化に向けた新たなアイディアが開花し、農業の六次産業化を実現されています。

本書は、各地における農産物直売所の成果と課題に学びながら、農業者をはじめとする現地で実践活動をされる方々が農産物直売所を運営する際に役立つ手引書として、わかりやすくとりまとめています。

本書のとりまとめは、農業者の所得向上に向けたマーケティング活動を探る調査の一環として、全国の農産物直売所の動向を踏まえながら、(株)農村開発リサーチ代表の田中満氏を中心に行ないました。また、内容については、千葉大学園芸学部園芸経済学科助手・櫻井清一氏、元青森県名川町「名川チェリーセンター一〇一人会」会長・川村綾子氏、岩手県紫波町「紫波ふる里センター」組合長・堀切眞也氏、山形県櫛引町「産直あぐり」運営管理組合組合長・渋谷耕一氏、高知県JA伊野町直販部部長・浜田好子氏、農林水産省関係者など多くの研究者・実践者の方々などのご意見・情報提供をもとに構成しています。多大なご協力を賜った関係者の皆様に、この場を借りて厚くお礼申し上げます。

平成十三年八月

(財)都市農山漁村交流活性化機構

理事長　檜垣　徳太郎

執筆にあたって

生きがい、仕事のやりがい、あるいは、人生における幸せといったことを、一人ひとりが考え、挑戦する時代になったと思います。

戦後の復興期からほんの昨日まで、経済成長を唯一の時代目標に掲げて突っ走ってきた我が国でしたが、そのひとつの時代が終わり、新しい国造り理念を模索して低迷している今日です。

これまでは、個人は会社などの組織に心身ともにささげて、その組織目標に邁進し、目的を達成することで個人としても満足してきました。「日本人は会社と結婚するのか」と、外国人に冷やかされた時代でした。

それが最近では、サラリーマンに脱サラという言葉が定着し、田舎暮らし、脱サラ農業、Uターン農業などという言葉も、少しずつはやりだしています。組織に依存し埋没していては、本当の生きがいは達成できないと気がつきだしたのでしょう。

農業・農村の社会でも同じことが言えると思います。戦後の農家は農協に組織化され、国の農業政策に従って、生産者として頑張ってきましたが、その生き方や仕事のやりがいには疑問を感じていた農家が、少なくなかったようです。「農協や行政の指導に素直に従ってきた農家ほど、いま苦しんでいるのですよ。自分の才覚で生きている農家の方が強いですよ」という声を、農業関係者からよく聞きます。

これからの時代に求められているのは、個人の自立と責任です。組織に過度に依存せずに、自ら最適な生き方を探し求める努力が必要になります。

農産物の販売についても、「生産したものを自分で値をつけて販売してみたい」と、農家の方はよく言われます。しかし、その願いを他人に求めるのではなく、自分で、あるいはグループをつくって工夫して達成する方が早道です。

農産物直売活動は数少ない成長産業といわれ、販売額が一兆円を超す産業になると予想しています。村おこし町づくりの支援でこの二〇年間、主として東北地方の農山村を歩いていますが、最近では農家の皆さんが開設した直売活動が盛んになり、活動に参加された方々がみるみる元気になり、地域活性化にも貢献している様子が各地に見られます。

私が初めて直売所を視察したのは今から約一五年前です。その活動のすばらしさを認識し、その後は地域おこしのために直売所をつくろうと各地で提案し、実際に八カ所の直売所の設立・運営を支援してきました。また、東北各地の直売活動グループに呼びかけて、平成十年から「東北地方産地直売所サミット」という共同研究会を開催しています。

このサミットに集まる各地の直売活動参加者をみていると、実に皆さん元気はつらつとしていて、その積極的な発言に驚かされます。農業は厳しい、先行きが暗いなどというのは、よその国の話のようです。

流通経路破壊という言葉に代表されるように、国内流通全般でその方式が大きく変わろうとしていますが、農産物流通においても、地域生産地域消費（地産地消）活動が再評価されはじめています。農産物をまず中央に集めようという戦後農政が進めた系統流通に対して、地域で生産されたものはまず地域で食べようという動きが復活してきました。それを担うのが、農産物直売活動です。

この活動は、各地の先進的事例を見るとわかるように、農家に生産だけではなく、加工・流通などの付加価値をつける分野を取り戻し、農家の総合力が発揮できます。

農家がグループをつくって始める方式、農協や行政（公社など）が主体となる方式などさまざまな直売活動がありますが、いずれの方式を採るにしても、地域において農産物直売活動を推進しましょう。

その際大切なことは、農家の皆さんがグループをつくり、順番で店頭（レジ）に立ち、客である消費者と対話することです。生産したものを直売所に販売委託するだけでは、これまでの「私はつくるだけの人」という農家の意識を変えられません。自分のつくったものを自分たちで客に売ることで根底から意識が変わり、消極的であった人生が積極的な生き方に変わり、仕事のやりがいが実感でき、肌で生きがいを覚えます。

大きな組織に自分を埋没させる時代から、自らの意識改革を図り、仕事のやりがいや人生の生きがいを自らの才覚で探しだし、輝く未来の自分に向けて挑戦する時代になったのではないでしょうか。

そのような意欲的な方々に本書をお読みいただきたく、また、少しでもお役に立てれば幸いです。なお、本書では生産者個人を言う場合は、農家といわずに農業者と表現しています。各地で生産者と対話しても、自らを農業者と言う方はほとんどいません。皆さん農家といわれます。しかし最近、行政では「認定農業者」のように農業者と呼んでいます。農家を農業者という言葉に変えることが、家業意識から職業意識に変わるための、生産者の意識改革の第一歩なのかもしれません。

平成十三年八月

執筆代表者　（株）農村開発リサーチ　田中　満

目次

第2部　農産物直売所開設のノウハウ

第3部　これからの農産物直売所

第1部

「自分で売る」を実現する農産物直売所

第1章

農産物直売所（ファーマーズマーケット）とは？

1　農産物直売所が人気のわけ

（1）新鮮でおいしい農産物を安く提供

●「地域でつくり、地元で販売」が基本

農業者がみずからつくったりあるいは地元で採れた農産物を、農業者が中心となって販売する農産物直売所が、近年人気を集めています。その背景をみると、農業者の利点としては、みずから売値を決められる直接販売、加工などの付加価値化による所得の向上、雇用の拡大、消費者との交流などがあげられます。

消費者の利点としては、新鮮でおいしい農産物を流通経費を除いて安く得られることがあげられます。これらが、農産物直売所が生産者・消費者の両者に支持される大きな理由となっています。

農業者や農協などがみずから運営する農産物直売活動には、次のようなさまざまな形態があります。

・果樹栽培などの農業者が農地周辺で行なっている庭先販売

・農業者が個別に道路沿いで行なう無人販売、有人販売などの農産物直売
・地域に昔からある朝市・昼市・夕市
・農業者が組織をつくり共同で販売する農産物直売所
・農協（公社・小売店）が組織をつくり販売する農協（公社・小売店）経営の直売所
・電話、パソコン、郵便、宅配などの情報通信、輸送手段を活用した産地直送販売

この本では、これらの活動のなかで、農業者が集まって組織をつくり直接販売活動を行なう形態の農産物直売所の設立や、運営の方法についてまとめています。

農産物直売所では、農業者みずからが生産した農林水産物や農産加工品、地域の人々が採取した山菜やきのこ、手仕事としてつくった農村工芸品などを、地元で販売することが基本です。ただし、直売所の形態によっては、地域外の生産物の販売を必要とする場合、発展して地元の外に店舗を持つ場合も考えられます。

●直売活動は注目の成長産業

近年は日本各地で農産物直売所が設置され、活発な販売活動が行なわれています。新鮮なものを安く提供できる直売方式は、鮮度が評価される農産物の有力な販売方式として定着してきています。農業者や消費者のみならず、行政や農協、さらにはスーパーや小売店なども農産物直売活動の経済的な効果に期待を寄せています。農産物直売所は、数少ない成長産業として注目されており、非農業者も参入しはじめているのです。

しかし、安易な発想による農産物直売所の設置と運営では、今後、直売所間競争が激しくなることによって淘汰されていくことも心配されます。成長産業である農産物直売所であるからこそ、将来的に安定して運営をしていくためにも、活動の基本理念を確立しておく必要があります。

(2) 消費者に支持されるためには

競争が激しくなると、直売所の商品や売り方の特徴、

（高知県伊野町「JA伊野町女性部直販所」）

（山形県櫛引町「産直あぐり」）

新鮮な野菜、つくりたての加工品が直売所の生命線

直売活動の目的や理念が重要になってきます。そのため、設立時にしっかりと基本理念を取り決めて、日常の運営においてその理念を確立してください。いい加減な活動では、消費者の支持は得られません。

農産物直売所が消費者の支持を得ているのは、主に次のような理由によります。

① 新鮮さ（採りたて、つくりたてのものが手に入る）

② 安全・安心（つくり方やつくった人の顔がわかる信

頼感）

③　安価（流通・輸送などの中間経費が削減されて低価格）

畑から採りたての農産物やつくりたての新鮮な加工品をすぐに販売できるところが農産物直売所です。新鮮な野菜のおいしさや品質、良心的な価格を消費者は支持し、固定客（リピーター）になります。新鮮な野菜やつくりたての加工品の販売が、直売所の生命線です。競争の激しい地域では、野菜類は採った日（あるいは翌日まで）しか販売をしないという厳しい申し合わせをしている店もあります。

生産者の顔が見えることは客に安心感を与えます。海外から長時間を費やして日本に届く輸入農産物は、新鮮さに欠けているだけではなく、その生産過程や保存方法が不透明です。農薬、消毒法、添加物の使用など、消費者にとっては何となく不安です。

また、農業者みずからが店頭で販売することも、客に喜ばれています。顔の見える取引きでは、生産者がその生産過程や料理方法を消費者に伝え、直接反応を知ることができます。消費者は実際に生産している人々と接することで、農業への理解が深まり、要望を直接伝えることができます。

2　農業者からみた農産物直売所の意義

（1）収入面で有利

●直売は系統流通より手取額が多い

ここではまず、いわゆる系統流通といわれる農産物流通の仕組みをみてみます。

系統流通：

農業者→農協→経済連→市場→仲卸問屋→小売店→消費者

（農業者手取り二〇～三五円）　（小売価格一〇〇円）

系統流通では農産物の運送料、運送のための資材費用に加えて、上述の流通段階ごとに取扱い手数料を取られます。野菜などでは一般に、小売価格は生産者手取額の三～五倍と言われています。小売価格が一本一〇〇円のダイコンの場合、農業者手取りは二〇～三五円というわけです。

農産物直売活動では、農業者が組織をつくり共同で自主的に販売します。

農産物直売：農業者→農産物直売所→消費者
（農業者手取り四〇～五六円）（小売価格五〇～七〇円）

この方式では直売所の運営経費として、生産者から売上げの一五％前後の手数料を取るのが一般的です。直売所の設置場所の多くは農村部ですので、小売価格は都市部より安めになります。都市部で一本一〇〇円のダイコンは五〇～七〇円といったところでしょう。そこで手数料を二〇％としても、それを引いた農業者手取りは四〇～五六円となります。

このように、農産物直売活動では系統流通の二倍近い手取収入が期待できるわけです。

●規格外、少量、珍しいものも商品に

系統流通では規格外となり販売できない小玉のもの、大きすぎたもの、曲がったもの、色のわるいものなども販売できます。たとえば、普通のきゅうりが三本一〇〇円であれば、曲がったきゅうりを五本一〇〇円で売るといった販売方法が可能です。

また、系統では少量で取り扱われないものが、珍しいということで農産物直売所の目玉商品になります。雑穀類、珍しい果物、雑きのこ、山菜類などです。

さらに、沢がに、かぶと虫のような昆虫、まむし、木のつるなどといった、一般の店にはあまり置いていないものを販売すると喜ばれます。

これらの商品は、客を引きつける要素ともなります。

●加工品・調理品として販売できる

かつて一村一品運動がはやりましたが、安価な農産加工品の輸入により、広い流通を期待した農村地域における農産物加工事業は苦しくなっています。

そのような状況でも、農産物直売所では、手づくりに近い農産加工品や調理食品がよく売れます。無添加の手づくり食品などは、安心感を持って買われています。

漬物、惣菜、揚げ物、ジュース、ジャム、アイスクリ

ーム、ハム、餅、干し餅、寿司、まんじゅうなど、いろいろと工夫して販売され、昔から地域にあった伝統的な食品の復活にも一役かっています。

青森県名川町の「名川チェリーセンター」は、年間売上額２億6,000万円

一農家で数百万円の売上げも

実際の売上げには驚くものがあります。農業者が一〇〇人程度で共同運営する直売所で、年間売上げ一億円を超す店が、全国各地でみられるようになりました。

代表的な成功事例として、青森県名川町で農家女性一〇〇名が平成三年に設立した農産物直売所「名川チェリーセンター」では、平成十一年の売上げが二億六千万円に達しています。一人平均二六〇万円の売上げです。当然のことですが、そこの会員である女性の皆さんは、とても活き活きとしています。

岡山県美星町では、農業後継者が町の農産物や特産物を販売する「星の郷青空市」を開設し、現在は組織を株式会社化して、年間売上げは八億円程度（うち生鮮品は約五億円）に達しています。約二〇〇名の生産者が会員になっています。店は町の中央に位置し、観光拠点になっているようです。

（2）対面の手応えと喜び

●接客や仲間との交流が意欲に

農産物直売所がきちんと設立、運営されれば、参加した農業者は明るく元気になります。それは単に収入面のことだけではなく、仲間との対話、客との対話などを通し意識が外に開かれてみずからが成長し、生きがいを実感できるからです。

各地の関係者からは、次のような話を聞いています。

・農家に嫁いだ女性が農産物直売活動に参加したところ、みずからすすんで野菜づくりを始めた。
・嫁に来て、初めて自分の貯金通帳を持ててうれしかった。
・高齢者が参加したら、生きがいを感じてみるみる元気になった。
・お客さんとの対話が面白く、当番でレジに出る日が楽しみになった。
・明日売る野菜の袋詰めを手伝いながら、中学生の娘が母親に「直売所の権利を譲ってくれれば私が農家を継ぐ」と言った。
・直売で貯めたお金で海外研修に行った。
・直売活動が始まり、普及センターへの農業者からの問合わせが増えた。
・直売所を開いたら遊休農地がみるみる少なくなった。

反応や評価が直接届く

農業者は黙々と農産物をつくり農協に納めるものという意識が、長年にわたって培われてきました。

ところが農産物直売活動では、自分たちがつくったものをお客さんに直接販売しなければなりません。客の反応や評価が対話などを通して得られます。ほめられるとき、喜ばれるときが多いようですが、批判されたり、苦情を寄せられることもあります。

喜ばれると励みになり、苦情は発憤材料になります。つくるだけではなく、みずから売ることによって世界が広がり、農業者としての意識が変わります。客と友達になったり、定期的に注文をくれる顧客を得ることもできます。そば粉を買った人から電話があり、そばの打ち方を教えたのが縁で友達になった、というような話はたくさんあります。

自分の農産物を自分で売ることによって、人生が豊かになる可能性があるのです。

福岡県津屋崎町「あんずの里ふれあいの館」の直販所は、二五五名の女性農業者が「あんずの里市利用組合」を組織して運営し、平成十一年の売上げが約四億円です。直売活動では、女性農業者が収入を得る喜びがあり、会話の機会が増え、生きがい発掘や地位の向上につながり、男性の意識改革にも役立つ、とそこの組合長は話しています。

（３）六次産業としての農業の新展開

六次産業とは、どんな産業？

農林水産業は一次産業、加工・製造業が二次産業、流通・サービス業は三次産業と言われます。したがって、一般的には農産加工は二次産業、販売店やレストランは三次産業にあたります。

系統出荷する青果物の農業者の手取金額は、最終消費者への販売額の三割程度と前述しました。しかし、農産物を加工したり、あるいは調理して提供すると、農産物に付加価値がついてきます。たとえば、そばの場合をみてください（次ページのイラスト参照）。

その付加価値によって生じた収益を農業者の手に取り込んで、農業者の所得や雇用の場を増やそうという考え方が、農業の六次産業化という概念です（この言葉は、東京大学名誉教授・今村奈良臣先生の発案です）。

六次産業とは＝一次産業×二次産業×三次産業

（注：＋ではなく×であるのは、一次産業の農業がゼロでは成立しないことによります）

●農産物の価値を最大限にする

農産物直売活動は、農業者が自分の生産物を直接販売する流通事業であり、さらに加工・調理したものもたくさん売れます。これが、農業に二次、三次産業を取り込んだ六次産業なのです。原料素材の農産物を最大限に生かすように工夫しましょう。

かつての一村一品運動では、農村で加工したものを一般の流通経路に乗せようとしました。ところが、少量生産の加工品は原価（コスト）が高くなり、流通経費を合わせると小売価格が高くなりすぎてしまいました。海外で安く生産したり大量生産する商品との競争においては、商品として無理がありました。その点、流通経費の

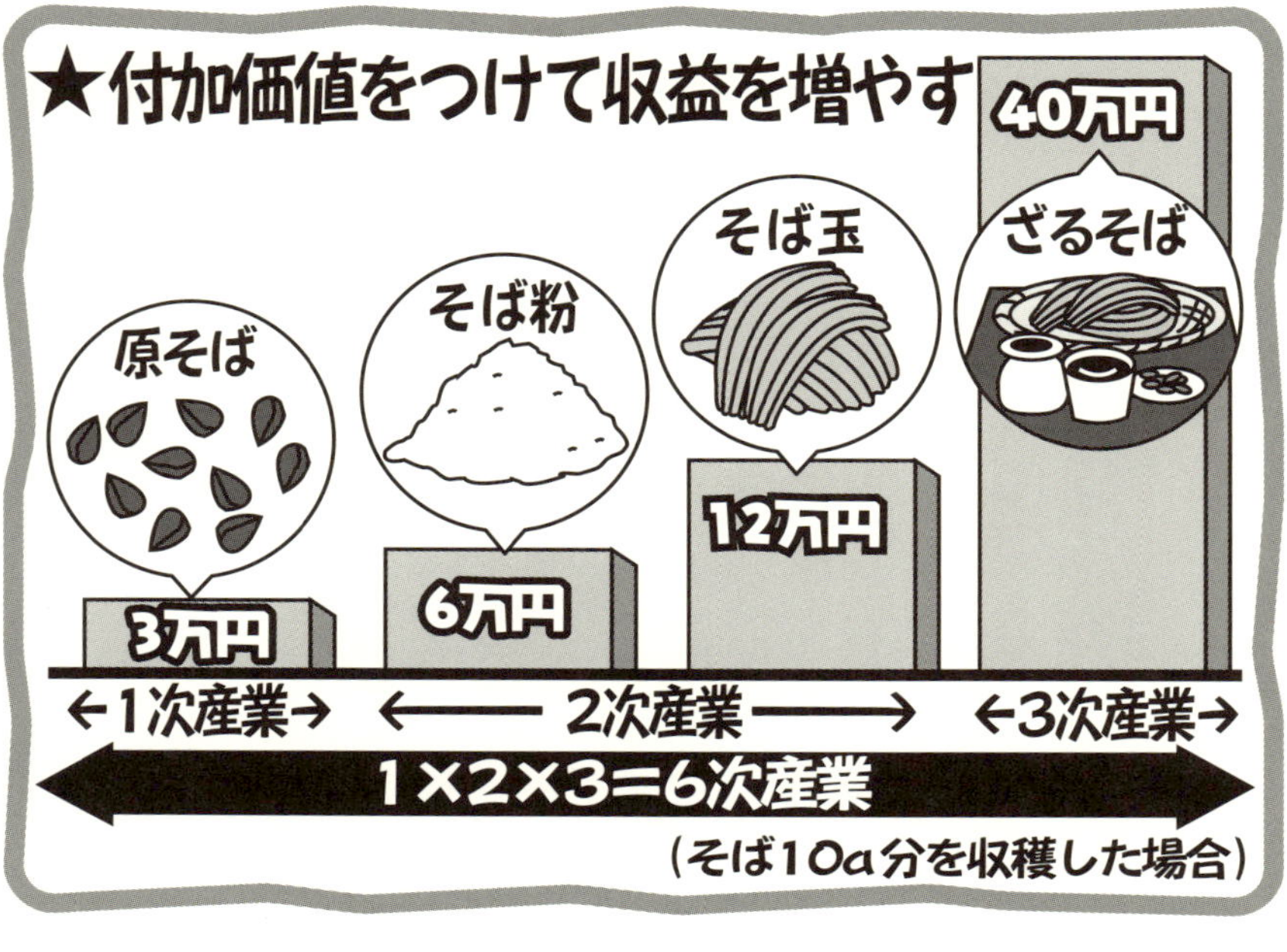

かからない直売活動では、加工品を適正価格で販売できます。

また、都市部から来た客に買い物だけではなく、農業体験機会を提供し、郷土料理を味わってもらうことも、客に喜ばれる付加価値のあるサービスで、農業者の所得向上にもつながります。

山形県櫛引町の直売所「産直あぐり」では、直売所の隣りに農村レストラン「食彩あぐり」、うしろに農産加工施設、さらに近くに市民農園、観光農園を併設し、まさに総合的な六次産業化をすすめています。

（4）既存の流通にない新しい流通

● 個性化で独自のルートを拓く

国民全体を意識した農産物供給のあり方として、これからは農協と量販店の直接取引きなどの供給経路の多様化がすすむものの、今後とも農協・市場・小売業を経由する系統流通が主流であることは、間違いないでしょう。

都市部の大多数の消費者は、スーパーや八百屋など普通の小売業者から農産物を購入することに変わりはありません。

また、専業の少品種大量生産農家は、農産物直売所における販売では手間がかかって生産物を販売することはむずかしく、多くは系統流通に依存することになります。

埼玉県花園町の「JA花園農産物直売所」

しかし、農村地域や農村部の中核都市では、今後は農産物直売所の比重が大きくなるでしょう。実際に埼玉県花園町の農協が経営する農産物直売所「JA花園農産物直売所」では、平成十一年の総売上げが一〇億円を超えており、それに続くところが次々と出現しています。愛知県豊川市周辺でひまわり農協が運営する四カ所の直売施設の年間総売上げは二〇億円前後に達しています。また、熊本県七城町の道の駅「メロンドーム」では、平成十二年度の年間売上げが一三億円の見通しですが、そのうち農産物売上げが約六割を占めているそうです。

●量販店も取込みの動き

農産物直売所の発展に脅威を感じたスーパーなどの量販店が、その対策として農業者や農協、既存の農産物直売所に直接働きかけて、店内に農産物直売コーナーを設置する動きが、各地で広がっています。

一定地域の農業者をグループ化して農産物を集め、「〇〇地域農家の採りたて野菜コーナー」などとしている例、特定農協と契約を結ぶ例、既存の農産物直売所の二号店をスーパー店内に開店する例などがあります。

熊本県七城町の道の駅「メロンドーム」

スーパー側も直売コーナーを店の目玉と考えて、販売手数料を直売所の手数料並みに安く抑えているようです。

さらに、農産物直売所の人気に目をつけた農機具資材販売店などの業者が農業者を取り込み、農産物直売所を開店する例も現われてきました。このような動きは、今後ますます全国的に拡大するものとみられます。

3 農産物直売所がもたらす地域への利点

(1) 地域活性化の拠点に

直売活動で地域が元気に

農村地域では、人口の流出、農業者の減少、農産物価格の低迷など多くの課題を抱えています。一方、全国各地における農産物直売所の成功が、その地域を元気にしています。

岩手県紫波町は県都盛岡市と花巻市の間の人口三万人強の町ですが、七つの地区に農産物直売所があり、お互いに競争しあいながら売上げを伸ばし、平成十一年の合計売上額は六億円に達しています。休日には盛岡市などから買物客が押し寄せ、今では直売所がそれぞれの地区の活性化の中心となり、町の新しい観光拠点となっています。農産物価格が低迷するなかで、直売所の存在が地域を明るくしていると、町の幹部も明言しています。

ふるさとの農産物・伝統食文化が復活

地域の直売所を通じて、昔の食べ物、ふるさとの食文化が復活してきました。

現在の系統流通では、流通業者が取り扱うのに便利な農産物が優遇されます。そのため、たとえばきゅうりはブルームレス、トマトは桃太郎、だいこんは青首一辺倒になってしまいました。ところが農産物直売所では、昔ながらの品種のきゅうり、トマト、だいこんなどが客に喜ばれ復活しています。

また、昔は家庭でつくった寿司、餅菓子、惣菜、菓子、まんじゅう、豆腐、パンなどをつくって、直売所で販売すると、なつかしい味として人気商品になります。

徳島県鴨島町「ひまわり農産市」では手づくり豆腐が、

高知県伊野町の「JA伊野町女性部直販所」では、寿司やおはぎが人気商品に

高知県伊野町「ＪＡ伊野町女性部直販所」では寿司やおはぎが、秋田県八竜町「ドラゴンフレッシュセンター」では地域独特のまんじゅうが人気商品となっています。懐かしい食べ物を販売すると、地域の高齢者が店の開くのを待っていて、開店間もなく売切れになるところもあります。

昔のものだけではなく、新しい地域食文化も育ってきています。パン屋で修業したＵターン青年が売る手づくりパンが、年間一千万円を売上げている例もあります。また、岩手県花泉町「れいなｄｅふろーれす交流プラザ」では、古代米の餅菓子がヒット商品になっています。手づくりキムチなども、国際交流などをきっかけにして各地の直売所でみられるようになりました。

地域自給の拠点

直売所では地元住民が最大の顧客です。最近は、農家ですら野菜を買う時代ですので、農村部といえども地元住民の支持を得ることが売上げを伸ばすうえで重要です。道の駅などの観光土産店と農産物直売所とは、この点が基本的に違います。もっとも最近では、道の駅の経営改善のために農産物直売所を併設するところが増えてきました。

農村部に住む住民でも、これまでは地域の農産物をすぐに食べることができなかったといわれています。農家でさえも、みずから生産しているもの以外は、スーパーで買う鮮度の落ちた野菜を食べていたわけです。直売所のおかげで新鮮な野菜が買えるようになったと、地元住民も喜んでいます。直売所は農産物の地域内自給の拠点となる可能性があります。

さらに最近では、野菜なども販売していた農村部のよろず屋的な零細商店が後継者不足などで廃業したり、Ａコープが農協の事業見直しで閉店したりして、農村部における食料品店が減少しており、農産物直売所がその役割を期待されるようになってきました。

また、地元の農産物や加工品を詰め合わせ、正月用のセット商品にして販売したところ、都会への贈答品として地元の人に利用されたり、地域の高齢者向け弁当をつくって宅配を始めたところもあります。まずは、地元住民に愛される直売所になることが第一です。

そこで、日々利用してくれる地元住民への感謝を込めたイベントなどを開催することも考えましょう。

（２）地域リーダーを育てる

地域づくりをすすめるには、まず人づくりや地域リーダーの育成が必要といわれますが、人づくりはなかなかむずかしいものです。

ところが、全国各地で盛んになった農産物直売活動から、次々と地域のリーダーが育っています。とくに、女性の地域リーダーがたくさん誕生しています。

このような活動を始めると、会長、組合長などといった組織のリーダーが必要になります。はじめは渋々引き受けた会長が、次第に責任感を持つようになり、先進事例などを研究して自信をつけ、会員に頼りにされ、組織の立派なリーダーになっていきます。

そうなると、役場の協議会の委員、県の研修会の講師などに招かれたりして、いつの間にか本格的な地域リーダーとなるのです。このような実践活動をしながら成長したリーダーは、本物の地域リーダーです。

直売所から優れた地域リーダーが育つ理由のひとつ

に、直売所に集まる農業者の多様性があげられます。農業・農村の世界でつくられる組織のなかで、人数の多さや集まる農業者の属性の多様さでは、直売活動組織が際立っているでしょう。しかも、その組織は上下関係の薄い平等意識の強いものです。したがって、組織のリーダーは多様な農業者と平等に接しなければならず、いろいろな意見やアイデアを吸収しながら自然に鍛えられていくものと考えられます。

(3) 地産地消で地球環境にも貢献

二十世紀は科学技術が飛躍的に発達した世紀であり、人間の手で地球環境が大きく変えられた時代でした。緑地の減少、二酸化炭素（炭酸ガス）による地球温暖化も問題になっています。

農産物の流通についても、産地から集めた物を遠くの大都市にまず集めて、そこから全国に振り分けるという中央市場集荷方式は、自動車での長距離輸送が前提となっており、石油消費や二酸化炭素排出を余儀なくしています。

まずは、地域の生産物を地域で消費するという「地産地消」の考え方を実行することが、物流における排気ガスなどの減少につながり、環境問題を考えるうえでも重要です。地産地消の拠点となりうる農産物直売所は、地球環境をよくすることにも貢献しているのです。

4 消費者からみた農産物直売所の魅力

(1) おいしくて安心できる農産物

● 新鮮な農産物が手に入る

何といっても新鮮で完熟の農産物を買えることが、消費者の一番の魅力です。

普通の流通経路をたどる農産物は、農業者の手を離れてから消費者の手にわたるまでに、数日以上が経過します。頭の先が薄桃色になったトマトが出荷され、スーパーで消費者が買うころに赤くなっているのです。こんなトマトがおいしいわけはありません。完熟したトマトの味を近頃の都会の消費者は知りません。

完熟トマト、採りたてきゅうり、もぎたてとうもろこしなどの本当のおいしさを、消費者に教えてあげましょう。新鮮な農産物のおいしさに感激し、それが直売所で手に入る喜びを知った消費者は、間違いなく固定客（リピーター）になります。

●生産者の顔が見える安心感

輸入農産物が氾濫する時代になり、小売店で農産物を買う消費者の不安も増加しています。そこで、小売店では、産地直送、有機無農薬野菜、○○農家の栽培野菜などと区別化した売り方で、安心感を訴えるようになりました。

その点、農業者が直接売る店には信頼感があります。「生産者の顔が見える安心感」です。農業者の個人名がわかる商品にすることが重要です。個人名を入れることで、農業者は責任を持てるものしか販売しませんし、消費者はその個人名を信頼して買うことができます。

さらに、農業者が店番に出ている店では、その素朴な対応が消費者に安心感を与えてくれます。

（2）物を介した交流の場

一般的に消費者は、農産物直売所は都市部の小売店よりも価格が安いという先入観を持っているようです。新鮮で安全な農産物であれば、スーパーなどよりも高くてよいと思いますが、わざわざ買いに来てくれる客に対しては、ガソリン代くらいのサービスも考えてみましょう。

また、直売所巡りの楽しさのひとつに、懐かしい食べ物、珍しい食べ物に出会えることがあります。今では家庭でつくらなくなった懐かしい食べ物が、人気商品になったという話は各地にあります。雑穀、雑きのこ、山菜、木の実、昆虫、流通しなくなった野菜類などが評判になることも多いのです。

店に出ている農業者との対話は、消費者の大きな楽しみのひとつです。つくり方、食べ方に始まり、農業者の日常の話を聞くのも、都市住民には気持ちが豊かになる楽しいひとときです。まさに、スーパーや観光物産店では真似のできない、物を通じた心のふれあいです。

ぎすぎすした時代に、心の豊かさを持つ農業者との対話は、都会人の気持ちにひとときの安らぎを与えています。はずかしがらずに、素朴な対話を楽しんでください。お客から新しい調理法や加工法を教わったり、参考になる点を教えられることも多いようです。

5 直売所のこれまでとこれから

(1) 開店ラッシュの農産物直売所

● 年々増加する直売所

農産物直売所が現在全国に何店あるか、そういった調査資料はありません。手がかりになるのは平成九年度末に埼玉県が行なった集計報告で、全国四四都府県から既存データを集めてまとめたものです。この、各都府県ごとにそれまでに独自の基準で調べていた結果を整理したものによると、有人直売所は全国に三、六七一カ所となっています。ちなみに多いところでは、東京都五四〇(平成五年十月現在)、埼玉県二〇六(平成九年三月現在)岩手県二〇五(平成九年三月現在)と続きます。

その有人直売所を経営主体別にみると、市町村経営一二八カ所、農協経営五一八カ所、その他および不明三、〇二五カ所となっています。

平成十年以降も各地で盛んに開店されていますので、おそらく今ではこの数字を大きく超えているものと推定します。

● 北は農家有志が、西はJAの経営で

上述の埼玉県調査結果を誰が経営しているか(経営主体)でみますと、関東地方では農協が経営している店の多いことがわかります。たとえば、埼玉県では、二〇六店のうちで八五店が農協経営です。中部地方より西も、

農協が経営している店が比較的多くあります。東北地方は農業者グループが店を経営することが多く、たとえば岩手県では、二〇五店のうちで農協経営は二九店にすぎません。

地域を歩いている実感としても、ある程度の規模を持つ農産物直売所は、関東地方より西では農協経営が目立ち、東北地方は農業者グループの経営が目立っていました。ただし、東北地方でも平成九年ごろから、農協が積極的に農産物直売所をつくりだしています。

また最近は、第三セクターが経営する道の駅で農産物を直売するところが増え、各地で農産物直売所としては大型店に成長しています。

(2) 潜在市場は大きい

農産物直売は数少ない成長産業であるとも言われますが、今後どこまで農産物直売活動は伸びるのでしょうか。

人口密度からみて農産物直売所が最も多い県のひとつである岩手県を例に考えてみます。岩手県は人口がおよそ一四〇万人で、農業県といえます。県の資料によると平成十二年七月現在で、県内には有人直売所が二六一店ありました。

そのなかで、岩手県紫波町を例にあげます。最も農産物直売競争が激しいといってよい地域です。紫波町は県都盛岡市（人口二八万人）と花巻市（人口七万人）の間にある町です（それぞれの市中心に車で一時間弱）。りんご、ぶどう、洋なしなどの果樹栽培が盛んな農村地帯で、人口は三万三千人です。そこに現在、毎日営業の店が五店、土日曜日のみ営業の店が二店あり、しかも、その周辺のすべての町にも立派な直売所が存在していま す。さらに、町内には大型スーパーが数店あります。

その紫波町内の農産物直売所七店の平成十一年の総売上げは約六億円に達しています。果樹栽培が盛ん（つまり、直売活動の売上げ金額が大きくなりやすい）、中核都市から比較的近い、直売所が密集しているので客を引きつけやすい、といった農産物直売活動に有利な条件はありますが、三万三千人の人口で六億円売るということは、よその地域でも人口一万人あたり二億円程度を売れる可能性があるわけです。もっともこれは優秀な事例でしょうし、競争の影響からか紫波町内の農産物直売所の販売額は、どうやら伸びが止まりだしたようです。今後は、来客者にグリーン・ツーリズム的な楽しみを提供するなどの新たな工夫が必要でしょう。

岩手県全体をみると、これまでは県南地域に比較的直売所が少なく、最近になって県南各地にできはじめています。現在のところ岩手県の農産物直売所の総売上げは一〇〇億円に近づいているだろうと推定しています。そ

山形県櫛引町の直売所「産直あぐり」では、周辺にレストラン、加工施設、市民農園などを整備。「ワンストップ・グリーン・ツーリズム」をめざす

して、今後県南地域で直売活動が確立されると、おそらく人口一四〇万人で一四〇億円程度の売上げが十分期待できるとみています。

都市との距離（近い・遠い）、果樹など売上げが伸びる商品の有無、野菜供給力などの条件により異なりますが、人口一万人あたり一億円の売上げが農産物直売活動の標準的な可能性ということです。

(3) 多角経営に発展可能

最近は農産物直売所に併設して、簡易食堂、農村レストラン、農林水産加工施設、農産加工・農村工芸体験施設、観光農園、体験農園、市民農園、小動物ふれあい公園などを整備するところが増えてきました。

山形県櫛引町の農産物直売所「産直あぐり」では、平成九年の開店当時からおむすびやうどんを提供する簡易食堂はありましたが、その後野菜料理を基本とする農村レストラン、餅や菓子などを加工する農産加工施設、小規模農地を貸す市民農園、いも掘りなどをさせる体験農園、果樹をもぎとる観光農園を周辺に整備してきました。ここの組合長は、「ワンストップ・グリーン・ツーリズム」と言っています。

また、インターネットを活用して産地直送に乗り出す直売所も現われました。特産物を持つ直売所はおおいに可能性があるでしょう。また、なかには近隣の大都市のスーパーやデパートに二号店を出すところもあります。

農産物直売活動が中核となって、さまざまな発展の可能性が広がっています。

第2章

農産物直売所を開設しよう

1　順調な運営のための心得

（1）売る喜びを知る農業者へ

●つくって売る人になる

これまで農業者の多くは、農産物をつくることだけに専念していて、販売はすべて農協に依存してきました。末端の販売価格と自分の手取価格を比べて、農業はもうからないと嘆き、いつかは自分がつくったものを自分で値段をつけて売ってみたい、と夢見てきたものです。

その長年の夢が実現できるのが、農産物直売活動です。「私はつくるだけの人」から「私はつくって売る人」へ変われるのです。苦労も増えるかもしれませんが、「売る喜び」はその苦労を越えるものがあるでしょう。挑戦する甲斐があります。

自分の名前を明記して売るのですから、売るものに責任を感じざるを得ません。客の反応がすぐわかります。目の前で売れて、おいしいと誉められるのはうれしいものです。生きがい、やり甲斐を感じます。そうして、自然につくることにも熱心になり、ますますよいものをつくるようになるでしょう。

●大規模農業者が参加する場合

売る喜びと言いましたが、専業農家など生産物が多い農業者は、農産物直売所だけでつくったものをすべて売りさばくのは困難です。大都市の多くの消費者への農産物提供は、やはり系統流通が主流でしょう。

また、少品種大量生産農業者は効率的な出荷を求められ、手間のかかる直売は無理です。系統流通の合理性には勝てません。そこで、系統出荷と直売活動の棲分けが重要となります。自分の経営規模や内容により、適した方式を工夫しましょう。

ただし、大量生産農業者でも直売活動には魅力があります。そこで、直売活動に参加する場合は、小規模農業者などへの配慮が必要となります。たとえば次のようなことです。

・生産品や規格外品を直売所で販売する際は、大量販売や安売りを慎むこと。
・小規模農業者との対話（コミュニケーション）に努めること。
・専門的知識や情報をほかの会員に教えてあげること（アドバイザーとして慕われることになります）
・当番などの組織の決まりを守ること（特別扱いを求めないこと）。

（２）高齢者、兼業、女性の力を汲み上げる

農産物直売活動は、農業活動に長時間専念できない高齢農業者、兼業農業者、女性農業者などに適した活動です。自分の体力などを考えて参加できる範囲で少量多品目の農産物をつくり、できたものから順次包装などして販売できます。

店番に出るのも、兼業の人は少し困難かもしれませんが、高齢者や女性には楽しみになります。初めは嫌だと思っても、五回程度経験すると客や仲間との対話がはずみ、店に出る日が楽しみになるようです。どこの直売所を訪れても、店頭にいる高齢者や女性が輝いています。

売上金が自分の貯金通帳に直接振り込まれるのも楽し

みのようです。一般に農家の場合、家族が協力して農産物をつくり出荷していますが、その売上金は農協に登録された世帯主に振り込まれるのが普通です。それに対して直売では、自分の通帳に売上金が入るのですから、意気込みが違ってきます。

新しい仲間ができ、販売品を持ち寄る朝は仲間との交流のひとときでもあります。研修や視察などを通して新しい知識を得ることは、いくつになっても喜びです。

(3) 労力・時間・生産物を持ち寄り、共同で行なう

個々の農業者は、それぞれ毎日が忙しく、農産物の販売活動を日常的に行なうことは大変です。昔から無人販売や庭先販売などがありましたが、それだけでは成果が思うようにはあがりませんでした。

そこで、農業者がグループをつくり、お互いに労力、時間、生産物を持ち寄り、助け合い、共同で直売所を運営することになったわけです。

★店番も全員で分担すれば負担も軽くなる
平日
×5日+
土曜日
+
日曜日
=24日
1週間で24人、
1ヵ月(4週間)で96人
会員が100人いれば
月に1日だけ出ればOK!

たとえば一〇〇人の会員で直売所を開いたとします。会員が毎日当番で店に出ることに決めます。店番は平日三人、土曜四人、日曜五人。一週間にのべ二四人が当番に当たることになります。会員一人についてみると、当番は月に一回まわってくる計算です。毎月一日だけ時間を都合して店番に出るだけで、一年間毎日直売活動ができることになります。

一人ひとりの生産物には限りがありますが、一〇〇人もいれば、生産物の種類も量も豊富になります。そうなれば、遠くからも客が買いに来ます。売れればますますつくるようになります。日常の農村生活、生産活動の延長上に生じたものを活用して共同で事業をすると、農業者の世界が広がっていきます。

この本の執筆協力者である櫻井清一氏によると、このような農産物直売所の運営の仕方は、日本独特のもののようです。ファーマーズ・マーケット（農産物直売所）は欧米や開発途上国でも存在し、農業者、消費者双方から一定の評価を得ているようですが、海外のものは日本の朝市のような方式をとっており、売場は一カ所にまとまっていますが、そのなかで個別の農業者が自分の生産した物のみを販売しているようです。複数の会員が産品を一堂に並べ、会計や精算を共同で行なう例は見かけないようです。日本独特の、世界に類をみない例と言えるとのことです。

2　自分たちにあった直売所のあり方を考える

(1) 農業者のための直売所
～運営主体による分類と特徴～

農産物直売所を運営主体で分類し、その特徴を説明しましょう。

● 農業者主体の運営はリーダーの手腕が重要

農業者が中心となってグループをつくり、農産物直売活動をすすめている例です。農協女性部会員が集まり、農協施設の一画で直売活動する場合もこの例にあたります。現在全国で運営されている直売所の数からみると、この方式が一番多いでしょう。数億円の販売額を誇る直売所から小さなところまでいろいろあります。

この場合は、その組織のリーダーの手腕が重要になります。リーダーがしっかりしていないと、組織が仲良しクラブのようになってしまい、計画的で統率のとれた運営管理や企業的発想のある運営ができにくくなるようです。競争が激しくなると、仲良しクラブでは客が離れていきます。

リーダーがしっかりしていて、決まりを厳しく守っている直売所は発展しています。売上額が伸びて手数料率を低くすると、個人の収入が増え、会員がさらに元気になります。農業者が生産から販売までを一手にすることで得られる喜びが大きくなり、つくるだけの受け身の意識から積極的に売るものをつくろうといった意識に変わります。農業者のやる気を一番引き出しているのは、この方式のようです。

店で売るものは、その地域の生産物で、自分たちのつくったものにこだわっているところが多いようです。

● 行政主体は農業者の意識が肝心

行政（第三セクターなど）が施設をつくり運営まで責任を持ち、農家に出品を依頼している例です。道の駅の直売活動によくみられます。

この場合は、農業者に店に当番で出てもらうなど運営に工夫をしないと、「私はつくるだけの人」という農業者の意識がそれほど変わりません。

ただし、都市部や道の駅などに店を持つ例が多く、場所がよい場合には売上げも上がります。都市部の兼業農家地帯で、農業の比重の軽い地域では、このような方式で十分でしょう。

販売するものは、農業者の生産したもの以外も多くなります。

● 農協主体は品揃えに自信

農協が店をつくり農業者を組織して出品してもらい、農産物直売活動をする例です。ＪＡ女性部などが組織をつくっているところも多いようです。全国的に大きな直売所がたくさんあり、都市部にある店では、年間一〇億円の売上げという例もみられます。

運営管理は農協責任で行なうところと、JA女性部などにまかせているところがあります。農協責任の店は、店番は農協が雇った人が多いようです。手数料は売上げの一五%程度です。農業者をグループ化し、当番制で店番に出てもらっているところもあります。

販売品目は、参加農家の生産物のほかに、他の農協から取り寄せた農産物、農協や食品会社の加工品など多様で、ほぼスーパーと変わらない店も多くあります。

●今後増加しそうな流通業者などの非農業者主体

最近増えてきたのが、農業者や農協以外の非農家、とくに流通業者の直売活動への参入です。スーパー、デパートなどの大手業者や農機具販売業者のような小売業者が農産物直売活動を始めています。

この場合は、業者が個別の複数農家と出荷契約を結んだり、農業者グループを組織化して店内の一部で販売させたり、特定の農協、既存の農産物直売所と提携したりしています。

農産物直売活動が消費者の支持を得れば得るほど、このような非農業者の直売活動が多くなるでしょう。

●農業者主体とその他の方式の比較

農業者主体の方式とその他の方式（行政主体、農協主体、流通業者など非農業者主体）との違いについて、項目別に整理して、次ページに表で示しました。その他方式の経営主体でも、工夫をすると農業者主体のような効果をあげることはできます。

(2) 地域に適した店づくり
～立地地域による分類と特徴～

●平地農村地域は地元住民のニーズも重視

地方中核都市が車で一時間以内にあるような、比較的平坦な農村地域に立地される例です。

この場合は、平日は地元住民や仕事などによる通行客が中心となり、週末はそれに加えて中核都市からの客がドライブを兼ねて来店します。

表1　農業者主体の直売所とその他の方式の直売所との比較

	農業者主体	その他の方式
運営	組織に参加した農業者が共同で運営に責任を持つ	農業者は出荷するだけで、責任は店の経営者が持つ
出荷	組織で決まりをつくり、会員はそれに従うが、会員の意向が反映されやすい	経営者の指示に従う
販売	農業者みずから販売活動を行なうので、消費者動向を把握でき、弾力的な販売活動ができる	経営者の指示に従う
品揃え	地域内生産物の販売にこだわるところが多く、地域にないものを客は買えない	地域外生産物を扱うところが多く、スーパーと変わらなくなる
新商品	消費者との対話などから、懐かしい地域農産物や加工品の再開発・復活がすすむ	消費者の意向が農業者に届きにくく、新商品開発はすすみにくい
消費者	農業者の店ということで安心・安全・安価で生鮮という期待感がある	一般の店とそれほど変わらない
所得	店の売上げが伸びると手数料率を下げられ、個人所得が増える	手数料率は一定の場合が多い
交流	消費者との対話や交流がすすむ	消費者との交流は経営者に意識がないと期待できない
意識	消費者との対話や所得向上で生産意欲や生きがいが向上し農業者の意識改革がすすむ	「つくるだけ」の農業者意識が変わらず、農業者の意識改革にはなりにくい
人づくり	直売組織のリーダーが地域リーダーに育っていく 個々の会員も活動を通じて活性化し、起業家も現われる	従来と変わらず、個人の活性化にはなりにくい
地域	地域への貢献活動をするところが多く、地域活性化に寄与する	地域社会活動と関わりが薄い店が多い
発展	直売所の成功を核に、そのほかのアグリビジネスに発展する可能性がある	直売・食堂活動を主体にするところが多い

農村地域といえども兼業農家が多く、農地は持っていても野菜をつくらずに買う農家が多くなったので、地元の需要が十分にあります。勤め帰りの主婦が夕方に来店することも多いので、平日でも午後六時半ごろまでは店を開けておいた方がよいでしょう。

店は自動車通行量の多い主要道路に面して建て、駐車場を広くとることが望まれます。地元客と都市住民では買い物志向（ニーズ）が多少違うので、休日などの品揃えについては、開店後の客の意向動向を研究する必要があります。

中山間地域は都市住民に的を

過疎地域といわれるような中山間地域に立地する例です。

その店が中核都市の中間にある交通量の多い国道などに面した場所であれば、平日も休日も仕事による通行客や観光客が期待できます。道の駅への併設なども望ましいでしょう。高知県伊野町の道の駅工芸村では、和紙工芸館がありますが、観光客はまず直販所（農産物直売所）に入るそうです。

この場合の客は、都市住民が中心となりますので、販売品目としては、山菜、きのこ、雑穀、豆類など地域の特徴のあるもの、珍しいものなどが喜ばれます。もちろん、新鮮な野菜なども好まれます。また、農村レストランのような郷土料理を提供する店の併設もよいでしょう。

岩手県浄法寺町は、青森県と秋田県に接する岩手県最北西部の山間地域にあり、人口が六千人弱の町です。その町に平成八年に農産物直売所「キッチンガーデン」ができました。店は県道に面していますが交通量は少なく、客足が心配されました。販売品目は地場産品にこだわり、山菜や天然きのこなど季節の山の幸、手づくりの餅類、手打ちそば、農村工芸品などです。会員の努力で餅菓子類などのヒット商品が増えて販売が伸び、平成十年には花売店を増設し、今では町の名所になっています。平成十一年の実績は、会員四〇人で販売額四、七〇〇万円です。

交通量の少ない場所であれば、客は地元住民が中心となります。地元需要には限りがあるので、店を毎日開くのは苦しいでしょう。週一～二回の運営で十分です。地元でも最近は野菜をつくらない家庭が多く、新鮮な野菜の直売は喜ばれます。

いずれの場合も、店は主要道路に面して建てることが基本で、広い駐車場が必要です。

観光地でも周年販売が可能

観光地といわれるような地点に立地する例です。この場合は、その観光地の特徴により、店の運営の仕方が違います。

周年通して休日も平日も客が多く来る観光地では、周年販売ができます。少ない日でも自家用車で五〇〇人程度の観光客が来れば、そのうち一〇〇人程度が買物客となり、一人千円として一日一〇万円の売上げが期待できます。一〇万円の売上げがあれば、十分店は成り立ちます。

宮城県小野田町では、町が山の中腹に温泉を開発し、その温泉に併設して「やくらい土産センター」という農産物直売所をつくっています。温泉は平日でも七〜八〇〇人の客があり、その三割近くが店の客となって、一人当たりの平均買上額は千数百円になるといいます。この固定客層があるので品揃えがよくなり、温泉には入らない買物目的の客も多く引きつけています。

季節型観光地や客が休日に片寄った観光地では、観光客の来るときだけの運営となります。しかし、そのような運営では、地元客をつかむのがむずかしく、期待したほどの成果をあげづらいものです。その場合は、その観光地に向かう道路の入り口付近で、地元住民が通行する主要道路に面して店を設けることをすすめます。地元住民を主に、観光客がある時は観光客を呼び込むというのがよいでしょう。

最近は、国道沿いに建てられて人気のある農産物直売所には、観光バスが立ち寄るといわれます。ありきたりの観光土産品は売れなくなり、観光客は新鮮な、また珍しいその土地の農林水産物に魅力を感じているのです。宅配便が発達し、気軽にまとめ買いして発送できることも、追い風となっています。ですから、観光客が立ち寄る店は、手軽に宅配できるように準備しておくことも大切です。

観光客も対象とするので、普通の直売所の品目以外に、観光土産品も販売できます。これは一般に販売手数料を高く取れますので、組織運営上は有利です。ただし、地元産でない商品については、それを客にきちんと伝える配慮が必要です。

都市近郊および都市部は品揃えに力を

都市近郊あるいは都市内部に店を出す例です。

この場合は、都市中心部や国道沿いなどへの立地は一般に用地が高すぎてむずかしいのですが、駐車場さえあれば立地場所にそれほどこだわる必要はありません。大きな団地の近く、ホームセンターや農協駐車場の一画など、適地はいろいろあります。

客数の心配はいりません。生鮮野菜などの品揃えが十分であれば、それほどの宣伝をしなくても、口コミで客は来ます。

心配はむしろ供給体制です。通年切らさず豊富な野菜の種類と量が必要になります。そのためには、直売活動に参加する会員を多く集めることが望まれます。

最近は商店街活性化のために、閉店した店舗を農業者に安く貸し、そこで農産物直売をしてもらうという動きもあります。農産物直売所が商店街の目玉になるのです。岐阜県中津川市では、農業者女性グループが商店街の閉店した店舗を借りて農産物直売所「アグリハウス菜っちゃん」を開設し、町の活性化に寄与しています。なお、商店街のなかに既存の八百屋や食品店がある場合は、そことの事前調整は必要でしょう。

（3）担い手と生産力に合わせた営業を
～営業日時による分類～

●周年型はしっかりした組織で

農産物直売活動が消費者の支持を得て、流通の一角を占めるほどの力をつけてきたので、周年型の運営が普通になっています。東北地方のように冬期間は気象条件によって農業生産が困難なところでも、いろいろな工夫をすることで周年開設しているところが多くなりました。

客には定休日がない方がよいのですが、定休日を設けるか、毎日営業するかは、店の判断です。

周年型の場合は、販売量が多くなりますので、参加会員を多くしなければなりません。こうなると立派な事業であり、本格的な店として確立し、組織をしっかりとまとめることが重要です。会員の十分な話合いのもとで、組織と運営の決まりをきちんとつくり、それを皆が守る体制を確立することが基本です。

年間通した生産力を確保するためには、年間の栽培計画づくり、新作物の栽培技術の学習、加工品開発などといった会員の努力も求められます。

周年運営ですが、グループとしては週一日型という例もあります。ＪＡ伊野町農協女性部直販所は七カ所の店を持ち年間総売上げ四億円の実績ですが、そのうちの一店は七つのグループで一週間を曜日ごとに担当し、グループとしては週一日の営業をしています。曜日ごとに販売品目が変わり目玉商品が変わりますので、それを目当てに客が来ることが特徴のようです。

条件に合わせて季節運営型も

その地域の生産状況に合わせ、販売できる農産物がある時期に限って店を開く形態、観光客が来る時期に限って営業する形態など、特定の季節にのみ運営するやり方です。

果樹を中心にした地域や観光地などにみられます。北日本の寒冷地域や日本海側の豪雪地域では、冬季は販売品目の供給がむずかしいので、無理をしないで休むのもひとつの考え方です。

朝市型の適地

朝市から発展した農産物直売所、温泉観光客を主な対象にしている直売所、高齢者が中心となって運営する直売所などで、午前中だけの運営をしているところもみられます。

その地域の歴史的状況、出品者や販売する人の事情、客の動向などを考慮して朝市型としているところもあります。

イベント型でスタートする例も

定型化した運営をしないで、各種の地域イベントに合わせて有志がテントなどで販売する形態です。農産物直売活動が発展する初期段階にはよくみられます。この活動で自信をつけ、直売所建設に向かうところも多いようです。

少人数なら週一回型で

中山間地域など消費者が少ない地域の農産物直売所、少人数農業者がグループをつくって販売する直売所などでは、販売活動は日曜市などの週一回程度で十分です。

週一回の活動でも、店を持ち、きちんと定例化して販売活動を続けると、消費者に覚えられ立派な運営ができます。店はテントなどの簡易施設でも十分です。

地方中核都市近郊で一〇人足らずの農業者仲間が集まり、週末のみの販売活動だけで、年間五千万円を超える売上げをあげている事例もあります。

(4) どのような農産物を売るか
～販売品目による分類～

● 地元生産こだわり型

農産物直売活動の基本原点といえる考え方で、自分たちがつくったもの、地域で採れたものにこだわりを持ち、それ以外は売らない店です。農業者グループの直売所、とくに女性グループの直売所には、この形態が多くみられます。この特徴をはっきりと示すことにより、安心感を求める消費者の信頼が得られます。

野菜などの農産物に季節感がなくなったといわれていますが、地元で採れた農産物の旬のおいしさを伝え、地域の生産物を地域で消費することのすばらしさを広めていきましょう。

弱点は、販売する品目数や数量に季節変動があったり、品目が片寄ったりすることです。当然ですが、よその産

(山形県櫛引町「産直あぐり」)

季節感あふれる農産物を提供する「地元生産こだわり型」の直売所

地のものも売れません。北の地方では冬場、南の地方では夏場の生鮮品が品薄となり、その対策に苦労しているようです。直売所の会員となった農業者全員で、品薄時の対策などを研究することが求められます。

●品数の多い仕入れ容認型

自分たちがつくったもの、地域で採れたものにこだわりを持ちつつも、地元で採れないものは消費者の要望に配慮して、他地域の農産物を市場から仕入れて売る農産物直売所です。一般的に農協主体の店、行政主体の店、農業者主体でも男性がリーダーとなっている積極経営の店は、この形態が多いようです。

この形態では、地元で採れた新鮮な農産物の販売コーナーと仕入れたものの販売コーナーの区分けを明確にするなど、普通のスーパーなどとの違いを出すように工夫することが望ましいでしょう。

また農産物直売所という看板を出しているのですから、よその産地のものを売る場合でも、その生産者の身元がわかるような売り方をしましょう。西日本地区でりんごを売る場合や東日本地区でみかんを売る場合などは、○○県○○町○○農園のりんご（みかん）と明示して売るといった方法です。販売の最盛期には、遠方からりんご園の主人に店に来てもらって店頭で販売してもらった例もあります。

仕入れたものを地元産のようにして販売することは、店の評判を落とすもとで、絶対にしてはいけません。消費者をだましつづけることは不可能で、必ずわるいうわさが立ちます。

●品目限定の専門店型

果樹専門、花専門、有機農産物・無添加食品専門など販売品目を限定した専門店型の農産物直売所もあります。埼玉県が平成十年三月にまとめた「農産物直売所マップ」をみると、県内二〇六カ所の直売所のなかには、野菜専門店三カ所、花専門店三カ所、卵専門店一カ所、こんにゃく専門店一カ所、林産物・加工品専門店一カ所があります。

果樹は販売価格が高くできるので、農家が庭先に簡易な店を持ち、収穫期に直接販売しているところが各地にみられます。

有機無農薬にこだわる店はそれほど多くありませんが、たとえば中国四国農政局が平成十年三月に発行した「中国四国地方の市・位置ガイド」では、岡山県倉敷市の「大平山有機農業研究会直売所」が紹介されています。

3　どんな場所に建設するか

(1)　出店場所選びのポイント

農産物直売所の用地選定は、直売組織をつくる以前に行政などが選定する例、組織づくりと併行してすすめる例、組織ができてテント販売などをしてから決める例などがあります。

農産物直売所は立地場所により売上げが大きく異なります。車社会の時代ですから、主要道路に面した広い駐車場がとれるところに立地するのが基本です。左右どちらから来る客でも、事前に店の看板が見えるような見通しのよい場所が最適です。道路中央に分離帯がある場所はよくありません。急カーブのある地点につくると、交通事故が多発したりしますが、緩いカーブの外側につくると、遠くからも見通せて好適です。また、勤め帰りの客が主要な対象の場合は、夕方の交通量の多い道路に面して建てられるとよいでしょう。慣れないドライバーは、反対車線に曲がるのは嫌がります。

しかし、都市部や都市近郊では、主要道路に面していなくても十分客は呼べます。農協やホームセンターの駐車場につくった例、量販店の近くに駐車場もなく店を出した例、商店街の閉店した店舗を借りた例などさまざまです。

観光地に建設する場合は注意が必要です。季節的観光地や週末しか客が来ない観光地には、農産物直売所はおすすめできません。失敗している例が多いようです。つくる場合は、その観光地に入る道路が主要道路から分かれる入り口部分に建設する方がよいでしょう。

近くに野菜を販売する競合店があるのは困りますが、コンビニ、ホームセンター、ドライブインなどがあれば、相乗効果があります。道の駅内に設けるのもよいでしょう。

用地は間口が広く奥行きが浅い敷地が適当です。店が奥まってしまうと、客は入りづらいものです。

建設用地が決まったならば、その場所が広域的にみてどのような性格の地点か（車の運転者が休憩したい場所か、休日は都市部からドライブで来る人が多いかなど）、競合する店との距離はどうかなどを、できるだけ客観的な目で調べて、店づくりを考えるとよいでしょう。

なお、用地取得交渉は微妙な要素がありますので、その選定や交渉は少数の人が対応する方が無難です。

（2）用地の法規制も要チェック

施設を建設できる用地は、地域によりますが、さまざまな法律の規制を受けることがあります。事前に町の担当者などに相談することをすすめます。

第2部

農産物直売所開設のノウハウ

第1章

農業者組織のつくり方、育て方

1 合意形成・意識改革・研修視察のすすめ方

(1) 推進組織をつくる

まずはじめに、農産物直売活動に関心のある農業者が自主的に集まったり、あるいは役場や農協の担当者が関心のありそうな農業者に声をかけて、農産物直売活動推進組織の母体(たとえば研究会、準備会、推進協議会)をつくります。

数十人以上が参加する一定規模の農産物直売所を開設したい場合は、連絡役の事務局を役場や農協にお願いするのがよいでしょう(注:ここでは市役所も含めて市町村行政機関を「役場」と表現しています)。役場や農協はおそらくさまざまな直売活動情報を持っており、また、新たに入手するのも手慣れています。さらに、準備会の活動資金の入手手段も知っています。

準備会ができたら、早い段階で役場の広報誌などに掲載して地域の農業者全員に知らせ、入会を勧めてくださ

★こんな人をリーダーに
●リーダーシップがある
●人の意見をよく聞く
●個人ではなく組織で稼ごうとする

い。この場合の地域は、その地域の事情などに応じて、市町村域の場合もあれば、集落などの一定地区の場合もあります。参加者が固まった段階で正式な推進組織にします。

できるだけ多くの人に、研究検討をはじめる最初の段階から入ってもらいましょう。そのほうが同じレベルで学習でき進歩するので、後に意見や行動の一致がしやすいようです。

正式な推進組織（直売所設立準備会など）ができたならば、まず会長、事務局などを正式に決めます。会長の人選は後々に大きく影響します。会長はやがて設立する直売組織のリーダーになる可能性が高いので、自分の個人的意見（自分の利益の主張）をあまり出さずに、人の意見をよく聞く、リーダーシップのある人が望まれます。個性が強いと組織は割れるし、リーダーシップがないと仲良しクラブになり、競争時代には不向きです。個人的には直売活動でそれほど稼ごうとしないが、組織としては大いに稼ごうという意欲のある人が望まれます。

(2) 段階的に勉強会を実施

推進組織がスタートしたら、農産物直売所をつくる前提で学習会を始めます。農繁期を避けて月一回程度の集まりがよいでしょう。その標準的な手順は次のとおりです。

① 最初は地元の農業改良普及センターの専門家を招いて、県内やその地域の直売活動状況を聞きます。

② 次に近くの優良先進事例の研修に行きます。できれば運営方式などの異なる複数の事例を調査する方がよいでしょう。その研修先のリーダーの話をしっかり聞き、販売品目をよく見ます。この研修に役場のバスなどが利用できれば安上がりです。

③ ある程度直売活動の現状がわかってきたら、専門家や自分の組織がめざす運営をしている先進地域のリーダーを招いて、直売所設立の進め方や運営の仕方を学びます。

④ 年間を通して会員が販売できるものの見通しを立てます。ここでは、全員で月ごとに出せるものを検討してみましょう。この作業を通じて全員に、みずから売るのだという意識を持ってもらいます。

⑤ 直売所を建設する位置を検討します。用地購入や借用は、地主との微妙な交渉になるので、決定時期は一概にはいえません。

⑥ 組織設立と運営に関する基本である組織の規約、運営の決まりなどの検討に入ります。できるだけ全員で話合いをし、納得づくで決めていくことが望まれます。自分たちで討論して決めた方針・規則は与えられたものと違い、全員がよく守ります。この段階では専門家を招くのがよいのですが、予算がなければ先進事例の規約、規則、運営方法を参考にして決めます。

⑦ ある程度組織が決まりかけたら、テントなどの仮設施設で販売活動を実験的に展開することを考えてもよいでしょう。その場所は、できれば建設場所かその近くとします。会員の参加意識の向上に役立ち、消費者の需要動向もつかめます。

（3）視察研修の効果的な取入れ方

百聞は一見にしかずという言葉のとおり、視察研修はきわめて効果があります。ある程度学習が進み、意識が高まってきたら、その地域がめざすべき先進的直売所に視察に行きましょう。視察に行く前と帰ってきてからでは、研究会の雰囲気ががらっと変わります。優良事例と言われる視察先に行くと、そこに働く農業者が自信に満ちて生き生きと輝いています。その姿を見て、自分もそのようになれると確信するからでしょう。

視察先のリーダーをこちらに招いて話を聞くのも効果があります。視察して様子がわかっているだけに、話がわかりやすいものです。また、視察に行ったり招いたりしたら、必ずそのリーダーと会食などをして懇談することが大切です。本音の話が聞けます。

視察研修は、組織づくりを検討している段階、ある程度研究が進んでわからないことが見えてきた段階、直売所がオープンして新たな問題点が出てきた段階、しばらく運営して進歩が止まった段階などにそれぞれ必要でしょう。

東北地方では冬季から春先の運営に苦労しますが、先進優良店はその対策がかなりすすんでいます。直売活動を立ち上げようとしている組織では、一年前の同じ時期に先輩直売所が何を販売しているか視察するのがよいでしょう。

オープン前に研究をかなりしたはずでも、いざ店を始めると困ったことが続出します。まったく商売を経験していない農業者が始めたのですから当然です。この場合でも同じ経験をした先輩の研修が効果的です。

しばらく運営して販売額などの伸びが止まったなら、食文化の異なる遠方への視察をすすめます。わが国は西と東で食文化が大きく異なります。よその文化を参考にして新たな開発のヒントも得られます。海外研修や国際交流も効果が高いでしょう。最近各地の農産物直売所でキムチ漬けを見ますが、韓国に研修に行った成果ではないでしょうか。

2　組織づくりの必要事項

(1) 組織の基本を決める

組織をつくる段階で、農産物直売所の運営組織として守るべき基本的な事項を皆さんで話し合い、決めておきます。主なものを次に説明します。

①農産物直売所を管理運営する主体を明確にする

次のような方法があります。

・農業者有志が主体（施設は役場、農協などから借りる場合もある）

・市町村住民有志主体（施設は役場、農協などから借りる場合もある）

・施設管理は役場、農協など、運営は農業者主体、住民主体

・農協が主体で、農業者などは供給するための組織をつくるだけ
・役場、第三セクター主体で、農業者などは供給する組織だけ
・その他

②直売活動に参加できる資格者の範囲を明確にする
・市町村（あるいは一定地区）内に住所を有する者でも、次のうちのどの範囲まで認めるか
　農業者、農協組合員、住民（商人など）、団体（農協・商工会・老人会・福祉団体など）、法人
・市町村（一定地区）以外の希望者を参加させるか否か
・参加者の資格に次のような限定をするか否か
　世帯主だけ、個人にする、女性だけなど

③会員になるための入会金（出資金）
・入会金（出資金）をとるか否か
　入会金をとる例　個人五千円〜五万円
　　　　　　　　　団体三万〜一〇〇万円

注1：熱意のない会員を入れないためには、最低三万円程度に設定した方がよいでしょう。
注2：当初の運営資金として、入会金のほかに運営費を入会時に徴収するところも多くあります。
注3：複数の人で入会金を出し合い、一会員になることを認めているところもあります。
注4：入会金は脱会時にも返却しませんが、運営費は適当な時機に返却している例が多いようです。

④会員の年会費
　親睦や研修のために一万円程度の年会費を徴収する組織と、徴収せずに売上げの手数料でまかなっている組織があります。

⑤役員の決め方
　数十人を超える規模になると、組織の管理運営のためには、運営役員を決めた方が効率的です。
・役員総数は会員の一割程度が適当でしょう
・選び方は、全体から選ぶか地区割りにするか実情に応じて決めます
・役員の分担は、会長（組合長）、副会長、理事、監事など
・役員のなかで、庶務、会計、企画などの担当を決めます

・任期を決めます（一年か二年が適当）
注：会員総会は原則として一年一回程度にし、常時必要となる運営方針などの検討と決定は役員会に一任してもらうのが合理的でしょう。そのかわり、役員会の決定事項はその都度必ず文書で全会員に知らせるようにします。

⑥販売品目の基本について
次のようなことをはじめに決めましょう。
・会員がつくったもの以外を売るのか否か
・販売するのは地域農産物にこだわるのか、客の便利さを考えて地域外のものも販売するのか
・地域の高齢者・身障者などのつくったものを売るのか否か
・町外から販売希望のあるものはどうするのか
・農林水産物およびその加工品、農村工芸品以外のものを販売するか否か（たとえば、農業資材など）
・販売してはいけないもの（法制度に触れるものは当然、山野草なども検討する。山菜も乱獲防止の話合いが必要）

⑦会員個人が売ってよいものと組織として売るものの明確化
個人がつくるもの以外は、組織として仕入れて販売する例が多いようです。

⑧営業する日について
・年末年始あるいは年始以外は年中無休
・週休一日
・週〇日営業
・季節営業など

⑨営業時間について
・朝（八～一〇時）～夕（一六～一九時）
・土、日、休日は上述、平日は午後（一四～一五時）～夕（一六～一九時）
・午前中のみ、午後のみ、その他

⑩販売担当人数（レジ係）について
当初の来客数、販売見通しを推定して、担当人数を決めます。目安としては次のとおりです。
・交通量の多い国道に面した場所であれば平日三人、休日五人
・交通量がそれほど多くない道路に面した場所は平日二人、休日三人

・過疎地域などは平日一人、休日二人

注１：開店後の状況で営業時間、販売担当人数は再検討してください。

注２：一日中営業の場合、販売担当者を半日交代とする例もあります。

注３：販売担当者の管理範囲を明確にしておいてください。（たとえば、トイレの掃除などするか否か）

⑪販売手数料について

一般的に農産物直売所では、会員が持ち寄った農産物などの販売額から一定の手数料を会として徴収し、事業の維持運営を行なっています。販売手数料の決め方は重要です。

維持管理費としては、施設借用料（施設償却費）、リース料、光熱費、通信費、人件費、事務費、福利厚生費、イベント経費、研修費などが必要となります。

⑫販売品の置き方

農産物直売所の販売品の置き方には、大きく二とおりあります。

・各自が自分のコンテナに販売品を入れて店に出す方式。全員でルールを決めて、定期的に置き場所を変えます（コンテナ方式）。

・スーパーのように品目により置き場を定め、各自は品目ごとに決められた場所に置く方式（品目別定位置方式）。

各地の農産物直売所をみますと、大規模なところは後者の方式、会員数一〇〇名以内の中小規模なところは前者の方式が多いようです。

大規模な店は煩雑になるので後者がよいのですが、直売所としては前者の方が生産者が明確だという安心感や探す楽しみもあり、適しているようです。

⑬ラベルなどの表示の仕方

販売品には、その品名、数量、価格、賞味期限、生産者名、生産者ナンバー、販売店名などの明示が必要です。店で統一した様式のラベルをつくり、各自が必要事項を記載するのが普通です。

住所、電話番号を会員別に記載するか、店のものに統一するか、話合いが必要です。

また、商品管理のためにバーコードを導入しているところもあります。規模や条件にもよりますが、検討してみるべきでしょう。

⑭不良品販売などの対応策

古くなったもの、賞味期限が切れたもの、量目が少ないものなど、不良品、粗悪品を販売すると、店の信用に傷がつき、取返しのつかない事態になることも考えられます。客のうわさ・評判には気をつけなければなりません。不良品などを出さないように、当初から決まりをつくっておきます。

(例) 不良品などが見つかった場合は、当日の販売担当者が販売コーナーから撤去する権利を持つ（または、役員に撤去の権利を与える)。

⑮苦情があったときの対応

苦情（クレーム）の時の対応も、当初から決めておくとよいでしょう。

・苦情を寄せられたときの電話などの応対の仕方

謝りつつ、生産者名（番号)、品目名、数量、購入日、苦情内容、先方の住所・氏名・電話番号などを明確に聞き出す様式を決めておきます（クレーム記入帳などの用意)。

・生産者への連絡の仕方

感情的にならないように本人に伝える方法の統一。

・代替品の送り方

よく「倍返し」といいますが、苦情の商品とともに、多少のサービスが必要です。

⑯消費税について

販売品の価格に消費税を加える必要があります。外税方式と内税方式があります。税として自覚できる外税の方が経営意識の向上に役立ちますし、税率が上がった場合にも対処しやすいのですが、客は内税を好みますので、検討が必要です。

⑰会の秩序を乱す人に対する対策

不良品を再々販売する、当番をさぼるなど、会員が組織の秩序を乱す行為をした場合の罰則を、当初から決めておき、周知しておくことが必要です。これからは農産物直売所も競争の時代です。不良会員のために店の評判を落とし、店が淘汰されるおそれがあります。

役員会で協議して出荷停止○カ月、除名などの処分ができるように、あらかじめ規約などに盛り込んでおきます。

⑱その他の遵守事項

イベント時の応援の仕方、視察研修講習会への参加、毎日の搬入時間の申合わせ、販売当番の変更の連絡方法なども当初から決めておくことが望まれます。

(2) 組織規約の作成

以上に説明した基本的な項目の話合いがすすんだ段階で、組織の規約を作成します。ここでは、ひとつの見本を示します（五八頁表2参照）。

(3) 運営規則の作成

次に、運営規則・規程を作成します。ここでは、ひとつの見本を説明します（六一頁表3参照）。

3 体制づくりの必要事項

(1) 会員募集の方法

推進組織（直売所設立研究会、直売所設立準備会）におけるさまざまな検討によって組織規約、運営規程、申合わせ事項などが決まったら、いよいよ直売活動を始める体制づくりとなります。

まず、農産物直売活動に参加する人を正式に募集します。推進組織への参加者だけで立ち上げることも考えられますが、ここでは改めて該当区域の住民または農業者全員に入会を勧める場合の仕方を説明します。

推進組織事務局が募集要項をつくり、該当区域全世帯あるいは該当者全員に配布します。地域でつくる店ですので、入会の案内が来なかったなどという苦情が出ないようにしましょう。

なお、立地地点、店の規模、地域農業者の農業生産力、需要の可能性などにより、適正な会員数があります。募集人数の上限を決めておくことも考慮してください。

以下に募集要項の見本を示します（六三頁表4参照）。

表2　農産物直売所運営管理組合規約の例

○○農産物直売所運営管理組合規約

第1章　総則

（目的）

第1条　この組合は○○町が設置した農産物直売所施設等の有効利用を通じて、農林水産物等の直接販売による農家等の所得の向上と地域社会の活性化を図ることを目的とする。

（名称）

第2条　この組合は、農産物直売所運営管理組合「（ここには、固有名称を入れる）」（以下組合という）という。

（事業）

第3条　この組合は、前条の目的を達成するため次の事業を行なう。

(1) 農林水産物、農林水産加工品、農村工芸品、地場産品の販売
(2) イベントの開催など消費者との交流
(3) 農林水産物生産振興を啓発すること
(4) 組合員の研修
(5) その他、この組合の目的達成に必要なこと

（事務局）

第4条　この組合の事務局は、○○町……に置く。

第2章　組合員

（資格）

第5条　この組合の組合員は、○○町民および○○町に住所を有する団体で、この組合の趣旨に賛同する者とする。

（注：ここでは農家、農業者、農協組合員、農家女性などと限定する場合、あるいは町外加入者を認める場合もある。また、組合員を個人としないで農家などの世帯とする場合もある。その場合は、世帯の誰かに代表して組合員番号をつけたりし、役員には個人がなる。）

（入会金）

第6条　組合員の入会金は個人○○円、団体○○円とし、運営資金等に充てる。入会金は脱会時にも返却されない。

（加入）

第7条　この組合の組合員になろうとする者は、加入申込書を組合長（組合設立までは設立準備会事務局である町担当課）に提出しなければならない。

2　前項の申込があったときは、理事会（組合設立までは設立準備会）で加入の諾否を決定し、その旨を申込者に通知するものとする。

第3章　役員

（役員）

第8条　この組合の業務を円滑に運営するため、次の役員を置く。

(1) 組合長 ……………………… 1名
(2) 副組合長 …………………… 2名
(3) 庶務担当理事 …………… 1名
(4) 会計担当理事 …………… 1名
(5) 企画担当理事 …………… 1名
(6) 監事 ……………………… 2名

（役員の職務）

第9条　組合長は会務を総理し、組合を代表する。
2　副組合長は組合長を補佐し、組合長に事故あるときはその職務を代行する。
3　副組合長1名および庶務担当理事はこの組合の事務を処理する。
4　副組合長1名および会計担当理事はこの組合の会計を処理する。
5　副組合長1名および企画担当理事はこの組合の企画を処理する。
6　監事は会計会務の執行を監査する。

（役員の任期）

第10条　役員の任期は2年とし、再任は妨げない。但し、補欠により選任された役員の任期は、前任者の残任期間とする。

（役員の選任）

第11条　組合長は組合員総会において選任する。
2　組合長以外の理事は全組合員を5班に分けて各班で1名を選出する。
3　副組合長および理事担当職務は理事会で決める。
4　監事2名は、総会において選任する。

（役員の報酬）

第12条　役員の報酬は、初年度は実績をみて金額を定め、2年度は初年度の実績を勘案して改めて別表を策定して支払う。

第4章　会議

（会議の種類）

第13条　本組合の会議は、総会および理事会とする。

（会議の招集）
第14条　定期総会は毎年1回開催する。
2　臨時総会は組合長が必要と認めたとき、または組合員の3分の2以上の請求があったとき開催する。

（会議の議決事項）
第15条　総会は次の事項を議決する。
(1) 予算および決算
(2) 事業計画および報告
(3) 規約の改正
(4) 役員の選出
(5) その他必要な事項

（会議の議決）
第16条　会議の議決は出席者の過半数でこれを決し、可否同数の時は、組合長の決するところによる。

第5章　事業の執行および財務

（事業年度）
第17条　本組合の事業年度は、毎年4月1日から翌年3月末日までとする。

（運営経費）
第18条　本組合の運営経費は、入会金、手数料等をもって充てる。

（財産管理）
第19条　本組合の施設に関する管理規定は、別に定める。

（罰則）
第20条　組合員が組合、他の組合員、消費者などに著しく迷惑をかけたとき、または会の遵守事項に違反したときは、理事会で協議のうえ、出荷停止あるいは会からの除名をすることができる。

第6章　付則

第21条　本組合は、総会において3分の2以上の同意がなければ解散できない。

第22条　この規約は、平成　　年　　月　　日より施行する。

表3　農産物直売所運営管理組合運営規程例

○○農産物直売所運営管理組合運営規程

（目的）

第1　この規程は、直売所運営管理組合「○○」（以下組合という）が行なう販売等の業務の運営に関し、必要な事項を定めるものとする。

（運営）

第2　運営を行なうために必要な事項は次のとおりとする。

(1) 販売品目は、農産物（野菜、果樹、花き）、畜産物、林産物、水産物、農林水産加工品、農産工芸品を主とする。但し、法制度などで販売規制のあるものは、その制度を遵守する。なお、米の販売は農協が一括して行なうこととする。

（注：米など一部販売品目は販売者を特定することがある）

(2) 販売する場所は、直売所内の所定の販売コーナーとする。ただし、イベントなどではそのほかの場所を指定して販売する。

(3) 販売手数料は、各組合員の売上げ額の○○％とし、運営費として組合に納入する。ただし保冷庫を要する物品の販売手数料はその売上げの○○％とする。

（注：保冷庫を要する物品は5％程度高くした例もある）。

(4) 販売品は組合員が個人責任で搬入および搬出することとする。ただし、組合員間での共同搬入搬出は妨げない。

(5) 販売物には所定の商品カードを張り付けること。そのカードには、各人が販売品の価格、品名、数量、生産者氏名、出荷者番号などを各自責任で表示すること。なお、価格については良心的な価格設定に心掛け、市場価格より大幅な値引きをしないようにすること。

（注：後段の「なお」以下の文章はなくてもよい）。

(6) 販売物の置き場所は、各人が所定のコンテナに物品を収め所定の位置に置くこと。なお、理事会で決まりをつくり各人の置き場所は定期的に配置換えする。なお、定められた時間までに搬入のない場合は、当日の販売担当者の判断で、他のコンテナを置くことができる。

（注：これは個人別コンテナ方式の例、品目別に置き場所を決める場合は、そのように書く）。

(7) 直売所の営業時間は土、日、休日は○○時～○○時（ただし冬季は○○時～○○時）、平日は○○時～○○時（ただし冬季○○時～○○時）とする。販売品の搬入は○○時～○○時（冬期○○時～○○時）の間が望ましいが、営業時間内でも客に迷惑をかけない限り搬入を認める。

(8) 定休日は各年度ごとに理事会で決める。

(9) 直売所の販売係は、すべての組合員が順番に当番で担当する。当番当日不都合な場合は、各自の責任で家族または組合員のなかから交代者を選び、そのことを事務所に事前に連絡する。なお、当面は当番に手当を支給しないが、売上げ状況をみて当番手当を理事会で検討することとする。
(10) 販売係（当番）人数は当面、平日は○人、土、日、休日は２組に分けて早番、遅番各○人が担当し、状況により、理事会で協議して変更する。なお、販売係はレジ担当のほかに、店内外の掃除を担当する。また、イベントなどではさらに応援勤務体制を採る。
(11) 販売係（当番）の勤務時間は原則は次のとおりとする。

土、日、休日：早番		○○時～○○時(冬季○○時～○○時)
	遅番	○○時～○○時(冬季○○時～○○時)
平日		○○時～○○時(冬季○○時～○○時)

(12) 精算方法は、各人の売上額のうちから手数料を徴収したあとの残金を、組合員の指定の農協口座に振り込む。
(13) 組合員以外のものの委託販売については、販売品は組合員のものを優先するが、販売場所に余裕のある場合は、組合員の出荷物と競合しない範囲で、町内外のものを販売する。ただし、委託販売するものは、役員会で認可された委託ものに限る。
(14) 委託販売品の手数料は生鮮品○○％（残品は委託者の引取りが原則)、乾燥品（土産物等）○○％とする。
(15) 販売品の品質管理は組合員個人の責任で行なう。ただし、販売陳列品に不良なものがある場合は、役員が判断していつでも排除できる。

(運営の遵守事項)
第３　組合員は次の事項を遵守する。
(1) 役員会で認可されたものを除き、本組合員が出荷した物品以外の物品は販売できない。
(2) 明らかに品質・鮮度などが劣るものを販売しない。
(3) 販売当日の日、時間を守る。当番日に不都合ある場合は前項第２(9)を守る。
(4) 理事会の決定事項を守り、組合員としての統制を乱す行為を行わない。
(5) その他販売所の品位を傷つける行為を行わない。

第４　この規程に定めるもののほか必要な事項については、役員会において決定する。

付則　この規程は、平成　　年　　月　　日から施行する。

表4　農産物直売所の運営組合員募集要項の見本

「○○農産物直売所」の運営組合員募集

この○○月に○○町○○地区に完成する地域農産物直売施設「○○」において、農産物等の直売所がオープンします。

この直売所は、町内有志の皆さまで、運営管理組合をつくっていただき、自主的な販売活動を行っていただきます。○○月には設立総会を予定しています。

そこで、農産物などの直売所の運営管理組合活動に参加される方を募集します。

直売所運営管理組合に参加できる資格は

・○○町に住む農林漁家世帯員、農林漁業団体などの方はどなたでも参加できます

・組合員の登録者は世帯主とは限定しません（女性組合員を歓迎します）

・組合員としての義務を果たせる方に限定します

組合員の特典（権利）と守るべきことは

・権利：組合が運営する販売施設およびイベントで物品の販売ができます

・義務：施設やイベントにおける販売業務、施設の清掃業務などを順番で担当します。その他組合で定めた決まりに従っていただきます

組合員になるためには

・申込書（町役場○○課にあります）に必要事項をご記入の上、入会金（個人○○円、団体○○円）を添えて○○課に提出してください

・なお、入会金は組合運営に使いますので、脱会される場合も返却できません

・組合員の年会費はありませんが、売上額に応じて運営費をいただきます

・組合員の総定員数は○○名です（ほかに○○会、○○団体が参加を予定）

・希望者は定員以内で先着順で受付けします

（注：表向きの募集は先着順とせざるを得ないでしょうが、組合としてぜひとも参加してもらいたい人には、当然事前の勧誘が必要でしょう）

組合員が販売できるものと販売のしかた

・販売できるもの：農産物（野菜、果樹、花き、雑穀、豆類など）、畜産物、林産物、水産物、農林水産加工品、農村工芸品等

（ただし法制度などで規則のあるものは、その制度を守って下さい）

・米の販売は○○が行なうことになりますので、個人はできません

・物品の表示：物品に組合で用意した所定のラベル（バーコード付き）を取り付け、価格、品名、組合員番号、組合員名などを各自責任で表示しま

す
・組合員の販売物は組合で用意したコンテナに物品を収め組合で決めた位置に置きます

直売所の営業時間

・営業時間：土、日、休日 ○○～○○時（ただし冬季は○○～○○時）
　　　　　　平日　　　○○～○○時（ただし冬季は○○～○○時）
　　　　　　（組合員の当番者は最短でも前後１時間程度プラス勤務となります）
・定休日：当面は週１日定休日を設けます（曜日は設立総会で決めます）

組合員の当番

・１カ月に１～２回、当番で店番（販売員）を務めてもらいます
・すべての組合員が順番に当番で販売や掃除などを担当します
・販売担当人数：平日○人、土、日、休日は早番○人、遅番○人、イベントなどではさらに応援勤務が必要となります

組合員の物品の販売手数料（運営費）・売上金の入金方法

・各組合員は売上額の○○％（保冷庫のものは○○％）を運営費として組合に納入します
・組合員の売上げから運営費を引いた金額を組合員指定の農協口座に振り込みます

裏面に組合規約および運営規程の一部がありますが（これはここでは省略しています）、詳しくは○○町役場○○課でお読み下さい

（２）機能分担・役割分担を決める

会員が決まったなら、全員が集まる総会を開き、会の規約、運営規程、申合わせ事項などを改めて説明し、全員の承認を取りつけます。

続いて規約に基づき役員の選出をします。選出方法もいろいろあります。

①役員の人数分を総会で選出し、役職分担は役員で互選する

②地区ごとに代表する役員を選出し、役職分担は役員で互選する

③会長・副会長など役職ごとに総会で選出する

④会長だけ総会で選出し、あとは総会で人数分選出し役職は互選する

⑤その他

なお、役員を地区ごとに選出する方式をとると、地区では順番制などにしてしまい、適任者が選出されないおそれがあります。直売所間競争が激しくなる時代には、順番制の役員はよくないでしょう。地区ごとの連絡員を別におき、役員は会員全体から適任者を選出した方がよいでしょう。

役員は一例として次のような分担に分かれます。

・会長（組合長）：一名（組織を代表する）

・副会長（副組合長）：若干名（会長を補佐し、他の役の兼務もある）

・庶務担当：若干名（役員会の書記、組合員への連絡など）

・会計担当：二名以上（主として会計業務）

・企画担当：若干名（広報宣伝、イベント担当など）

・監事：二名

（３）会計・精算の仕組みづくり

一般的な販売金の精算方式としては、会員ごとに毎日の売上額合計を計算し、所定の手数料を引いてから農協などの会員指定口座に振り込みます。

会員への振込みは、販売日の翌日に毎日実施する店や一週間ごとの店などいろいろです。

現在の販売管理では、バーコード方式（正確には、「販売時点情報管理システム＝POSシステム」という）が発達しています。この方式は作業量が軽減され間違いが少なく、しかも売上傾向や個人分析まで、いろいろと素早く分析できる優れものです。年間数千万円を販売する直売所では導入を奨めます。

ある直売所では、バーコードで集計した個人ごとの売上実績を三時間ごとに打ち出して事務室に掲示してあり、搬入してきた会員がそれを見て一喜一憂し、競争意識をかき立てているといいます。

組織としての会計は、会員個人や委託品販売の手数料が収入となり、施設の維持管理運営費を支出することになります。会計で赤字を出さないように、全体の運営を厳しく管理するのが役員の重要な仕事です。なお、会計が黒字になると会計年度末に税金の対象となります。

（4）関連機関と連携し、協力関係を築く

直売活動は地域の活性化をめざした事業と位置づけられますので、地域内のさまざまな組織、機関と良好な関係を築いてください。

地元農協とは、売上金の入金、会員個人への支払いなどで密接な関係ができます。地元で採れないものを販売する場合には、農協を通じて仕入れる方法もあります。

農業改良普及センターには、作付計画、農産加工などさまざまな指導をしてもらいましょう。

保健所は加工品の安全指導に力を入れています。加工品をつくるときなどには、事前に相談することを奨めます。

役場は情報収集、マスコミへの宣伝、視察研修などのときに頼りになります。絶えず担当者とは連絡を取り合い、仲良くすることです。

地元新聞、テレビなどマスコミの記者は、農業者が中心になって行なう農産物直売活動には、一般にきわめて好意的で、いろいろ報道してくれます。関係を大切にし、絶えず情報を早めに提供しましょう。

地元や近くの小売業者との関係も重要です。あまり安売りするのは、彼らを刺激してよくありません。新鮮な農産物を売るのですから、それで競争力は十分あります。安売りは控えてください。

4　いよいよ開店

（1）開店までの準備

開店目標日を決める

開店目標日を決めます。開店日は販売する品目と数量がある程度見込めるときにします。それまでの宣伝の仕方にもよりますが、開店当日には多くの客がつめかけます。そのときに品薄だと、わるい評判が立ち、挽回する

のに後々苦労します。

施設の完成に合わせて店を開店するところがありますが、無理しないように注意してください。品薄時に開店する場合は、仮開店という位置付けにして、品揃いがよくなる時期に盛大に開店行事を行なうことも考えられます。

開店日までのスケジュールをつくる

開店目標日を決めたならば、それに合わせたスケジュールをつくり、担当者を決めます。

開店時に必要な備品、包装資材の準備

コンテナ、陳列台、保冷庫、レジなど店の備品、バーコード付きのラベル、包装資材、チラシ、案内板などを準備します。

販売品目の計画的生産

開店日を念頭に会員に呼びかけて、野菜類の作付計画、加工品の生産計画を立てます。

接客、販売の練習

開店日の数週間前から、バーコードなどレジ対応の練習、苦情（クレーム）など客との対応、包装、ラベル表示などの研修会をします。なお、レジなどの機械は故障なども考えられますから、機械の構造や機能をよくわかる人を育てておくとよいでしょう。

開店イベントの企画

店の開店時には盛大な開店イベントを企画します。大安売り、餅つき、抽選会などといった工夫をし、人と物の準備をします。ただし、混乱することも予想して、あまり直売に関係ない無理なイベントはしないようにしましょう。

マスコミへのＰＲ

開店日とそのイベントの内容について、早めに地元マスコミへ連絡します。できれば開店に至るまでの苦労話や開店準備の舞台裏の様子なども取材してもらい、物語（ストーリー性）のある記事にしてもらうとよいでしょう。

開店儀式（セレモニー）の準備

一般客への開店日の前に、開店儀式を行なうのが普通です。地元有力者、施設建設関係者、マスコミ関係者などを招待し、会員も参加してセレモニーを行ないます。施設完成時に行なわれることもあります。

（２）開店時の注意事項

開店イベントを何日間実施するか

普通は開店イベントを三～四日間実施します。木曜あるいは金曜から日曜日まで行ないます。土、日曜日から始めると客が多く、慣れないために混乱するおそれがありますので、平日にスタートすることを奨めます。

また、開店日の様子を地元マスコミに載せてもらえると、土日の客を呼び込めます。

品揃えをよくする

最初に客によい印象を与えることが大切です。開店記念ですから安売りは当然としても、品揃えに気を配ってください。新鮮な野菜の種類と量が豊富な店といった評価を得ると、口コミで客が増えることが期待できます。逆にすぐに品切れになったりすると、あの店は品物が少ないというわるい評判がたってしまいます。

客が多い場合は、はじめに用意された販売品はすぐになくなるでしょう。品切れにならないように次々と供給する体制が必要です。はじめは会員の家族などにも応援してもらい、品薄にならないように心掛けてください。

会員全員の分担を決める

開店当日は会員全員参加で役割を分担します。レジ扱いは慣れていませんので、正規のレジ以外に臨時のレジなどを考え、全体に担当者を多く配置します。イベント係も多くの人が必要です。駐車場係、全体の見回係、本部係などを事前に決めておきます。

臨時の駐車場を用意する

駐車場の広さによっては、臨時の駐車場を確保するとよいでしょう。客の駐車のための待ち時間を長くしないようにします。土、日には駐車場誘導係も必要でしょう。

5　客が入る店舗にするには

（1）農業者が直接販売していることを強調する

●建物は適度な広さで簡素に

農産物直売所は素朴な建物を奨めます。鉄筋コンクリートで床にタイルが貼ってあるような立派な建物は落ち着きません。木造で清潔な建物がよいようです。鮮度保持などの品質管理のうえでは、風通しのよい建物が望まれますが、東北地方以北ではあまり開放的にすると冬場が寒くなりますので、窓や戸口などの工夫が必要です。

買い物に来る客の多くは主婦層を中心とした女性で、勤め帰りなどに立ち寄るでしょう。入り口で思わず自分の服装が気になって立ち止まるようではいけません。気軽に入りやすい雰囲気にします。

直売所面積は、会員数や出荷量を考慮したうえで、狭すぎず、広すぎないようにします。売場が狭すぎるとゆっくりとした買物ができません。広すぎると空間が目立ち、品薄だと思われてしまいます。広い場合は簡単な仕切をつくり狭く見せるのもよいでしょう。

●素朴で温かな雰囲気が大切

一般のスーパーなどと違って、機能性よりも素朴で温かさのある雰囲気づくりが望まれます。農業者が直接販売している雰囲気を出しましょう。各人のコンテナや壁などに会員農業者の顔写真があったり、生産へのこだわりを書いた挨拶文（メッセージ）があったり、販売品目に面白い名前をつけたり、いろいろと工夫してください。花や工芸品などがあるほっとする空間も必要です。地域のお年寄りによるなつかしい手工芸品などが展示販売されているのも楽しいものです。

地元の物以外の販売品を扱うときは、はっきりと区別したり目立たないようにするべきでしょう。それらが目立つと道の駅の売店やスーパーなどとの違いがなくな

（山形県櫛引町「産直あぐり」）

（岩手県紫波町「紫波ふる里センター」）

（山形県櫛引町「産直あぐり」）

（岩手県紫波町「紫波ふる里センター」）

看板類や建物を工夫し、入りやすいお店に

り、農産物直売所としての特徴が失われてしまいます。

●目印になる看板と使いやすい駐車場

店の存在を示す看板は重要です。デザインに工夫して目立つようにし、通行客の目印になるようにしましょう。カーブなどにより事前に店がわかりにくい場合は、予告看板も必要になります。

駐車場も重要です。できれば横幅を広くとり、店を道路から遠ざけないようにしましょう。道の駅の広い駐車場の奥に農産物直売所を建てたが、表の道路からは遠くてよく見えないので客が少ないという例もあります。

駐車場の入り口は広くします。交通の激しいところでは、駐車場に入るために止まる車が交通の邪魔にならないようにしましょう。観光バスや大型トラックへの配慮も必要です。

なお、駐車場が空だと客は入りづらいものです。客が来るまでは、会員の搬入車などを目立つところに置き、客が入りだしてから目立たないところに移動するという方法もあります。

(2) 管理・分析するならバーコード(POSシステム)も

バーコードを導入する場合は、事前に先輩の農産物直売所などで話を聞き、その後に複数業者の話を聞いてから、自分たちはどのような情報を入力し利用するか検討し、購入業者を決めるのがよいでしょう。

導入後は開店までの間にバーコードの付け方、取扱い方の研修が必要になります。

以下に、導入時の主な検討事項を参考までに紹介します。

・バーコードをどこで印刷するか：会員が個別にプリンターを導入する方法や事務所に数台備付ける方法などがあります。

・バーコードを印刷するシールを会員に配布するのに有料にするか否か。

バーコードを発行する際、シールを一枚一円のように有料化して無駄な発行を防ぐとともに、その収入で消耗品の補填をするような店も増えています。バーコード用のシールは有料とする方がよいでしょう。

・コードの具体的な設計：
組み合わせ例：「大まかな品目コード（一桁）＋生産者番号＋価格」
品目コードを細かくすると分析にはよいが、入力の手間がかかることになります。

・データの分析方法

(3) 利用者サービスなど

宅配便

買ったものを店から直接発送する客がかなりいるでしょう。観光客などの立寄り客のほかに、地元客でも親戚などに送ります。荷造りのためのテーブル、段ボールなどの準備が必要です。なお、店を開店すると宅配会社が営業に来るでしょう。客により希望する宅配会社が違う場合もありますので、会社を固定しない方がよいと思います。

試食品

加工品については、試食できると買いやすいようです。味に対する好みは、生産者と消費者では異なることが多いものです。また、その加工品のつくり方（レシピ）やおいしい食べ方も表示しましょう。

トイレ

必ずトイレを併設しましょう。農産物直売所の利用者は女性が大半です。とくに女性用のトイレはゆとりをとって整備し、常に清潔に保つように、掃除に気をつけます。

第2章

販売品目を研究しよう

1 一年間の品揃え対策と商品開発

(1) 地域の旬を考え、品揃え計画表をつくる

農産物直売所を開店する前（できれば一年前）から、その活動に参加する農業者が集まって販売品目を研究しましょう。

一人ひとりが月ごとに自分は何を販売できるか出し合い、全員の可能なものを一覧表にまとめるのがよいでしょう。直売所では、季節感のあるもの、地域の旬のものを売ることが基本です。

具体的な方法としては、まず月ごとに何が出せるかを全員で話し合い、少し予備的な検討（忘れていたことを思い出す効果が期待される）がされたところで、「月別」および「生鮮野菜、くだもの、花、花木、雑穀、豆類、山菜、キノコ、加工品、工芸品、その他珍しいものなど品目別」に分けた表を配って各人に記載してもらいます。それを事務局で一覧表にまとめ、全員に配ります。

　このような表をつくっておくと、個々の会員が販売のための作付けや加工を考えるときの参考になります。

　開店一年前から、気候風土のよく似た先輩の店を視察調査し、月ごとに何が売られているかを学習することも大いに効果があります。開店後二年以上経過した店は、いろいろと知恵がでているものです。

　農産物直売所を開店し運営を始めたならば、バーコードなどで各人の売上げ、品目別の売上げなどを分析し、検討材料とします。

（２）品薄時はハウス野菜や加工品で

　一般的には冬場から春先にかけての販売に苦労しています。寒い地方や雪国では、一二月から一月にかけては何とか保存してあった野菜などの販売ができますが、二月から山菜や春野菜の出始める五月ごろまでは売り物に苦労するという地域が多いようです。

　農産物直売活動が順調に運営されているところでは、参加農業者がそれぞれハウスをつくるなどして冬場、春先販売の野菜をつくっています。東北地方でもハウスさえあれば、ホウレンソウ、小松菜、春菊などは無加温で栽培できるようです。これは冬場の青物が不足している地域では客に喜ばれますが、作物が数品種に限定される悩みがあり、さらに品種を増やす研究が必要です。

また、雪の中や地中などへ野菜を貯蔵しておき、逐次掘り出して販売する人もいます。

このような冬季間は加工品が重要です。干しダイコン、凍み豆腐など農家が冬に食べていた伝統加工食品を商品化しましょう。

なお、四国四県の農産物直売所リーダーとの話合いの場では、夏場に軟弱野菜類など野菜の供給に苦労しているという話がでました。また、会員が高齢化してハウスの導入がすすまない地域もあるようです。

(3) 非会員の農産物をどう扱うか

● 地域内農業者

農産物直売所で会員以外の地域内農業者の農産物を販売するか否かが問題になることがあります。営業成績が優秀な農産物直売所で、定員制の会員組織に入れなかった農業者が町に苦情を申し出ているところもあります。

会員に入らない農業者としては、収穫時期が一時期に集中する果樹農業者、大規模経営農業者、店の当番義務が果たせなくて参加できない農業者(当番が嫌な農業者、運転できない農業者、兼業で当番ができない農業者など)、参加したくても定員いっぱいで入会できない農業者などが考えられます。

これらの会員以外の地域内農業者の農産物などを取り扱うか否かは、売場面積の余裕、販売状況(品薄か否か)、販売品目(既存会員と競合しないか否か)などにより、会として判断することになります。果樹などは季節性があり販売の目玉として客寄せ効果が高いので、既存会員との競合がなければ、積極的に売ることを奨めます。店の面積に余裕がなければ、テントなどの仮設販売も可能です。全体的に販売品が品薄状況であれば、これも積極的に会員以外のものも売る方がよいと思います。いずれも委託販売として、手数料は会員より五%程度高めにもらってよいでしょう。

運転のできない高齢農業者の農産物などは、特例をつくったり、巡回収集をして販売してもらえるとよいのですが。また、山間部に伝わる昔からの生産物や加工品は商品として魅力がありますが、収集方法がむずかしいのが問題です。山口県福栄村の出張販売事業体「ログ計画」では、巡回車が村内の登録農家宅をまわって集荷しているようです。

地域の八百屋の出店も

町で施設を整備し町内農業者有志で農産物直売組織をつくり直売所を経営しているところで、町内の融和に配慮して、地元の八百屋の販売コーナーを店内に設けて地域外農産物に限って手数料をとり販売しているところがあります。このような場合は、地元産と区別する表示が必要です。

その地域で採れない農産物も販売することで客に喜ばれる場合もありますが、このあたりは微妙なところですので、各組織での判断が必要でしょう。

人気商品にもなる地域の生産物

農業者以外の地域生産物の販売は、おおいに検討しましょう。販売手数料を高くできるので組織の運営を楽にしますし、珍しいもの、なつかしいものなどは客に喜ばれます。

各地でさまざまな事例がありますが、たとえば、Uターンした青年が出荷する手づくりパン、地元ケーキ屋さんのケーキ、昔は家庭でつくっていたまんじゅうや菓子、古代米でつくった大福餅、手づくりにこだわった豆腐、手づくりハム・ソーセージ、昔なつかしい駄菓子、ドライフラワー、木工品などが、その店の目玉商品になっています。

地域外の品はルールを決めて扱う

地域以外の農産物や加工品を販売する場合は、売り方などに注意が必要です。消費者は農産物直売所とは地元生産のもののみを地元で販売している店であると考えています。競争が激しい地域ほど、地元産へのこだわりが必要かもしれません。

農業者が組織をつくり農産物直売所を開設し、売上げが順調に拡大したので品不足を補うために各地から仕入れを増やし店を拡大したところ、農業者が開設した直売所らしさが失われて、かえって評価を落としている店もあります。

地域以外のものを販売する際は、販売コーナーをはっきりと分離し、地域外生産物であることを明確にしましょう。できれば、その生産者の身元がわかるようにすることが望まれます。首都圏や西日本の店でりんごを売る場合には○○県○○町○○農園のりんごと明示したいものです。

農産物直売所の会員のなかにも、自分が売る商品がないので市場や地域外の農業者から仕入れて自分の生産物のように販売する事例も時々ありますが、これは絶対にしてはいけません。店の信用を失います。自分はわからないようにしたつもりでも、地元ではすぐにわかってしまうものです。このような会員に対しては、会として出荷停止などの厳重処分が必要です。

(4) 直売所独自に生産計画を

農産物直売所を開店した一年目は、会員の出荷する販売品目が同時期同一作物に集中して苦労します。開店前に研修会などをして準備しても、やはりこの傾向は現われます。しかし、二年目からは会員それぞれの学習効果が現われて、早めの作付け、遅めの作付け、他品目への転換、個人出荷調整などが自然と図られてくるものです。自分の所得に直結しますから、やはり意欲が違います。

それでも、開店後も冬季間などに、農業改良普及センターの先生などに指導を依頼して、年間の販売状況などを振り返りながら、全員で年間作付計画の研究をすることを奨めます。開店後の方が会員の意欲が高く、現実に直面しているため状況の飲込みが早く、学習効果が高まるようです。

2　売上額を上げるには

(1) 単価の高い商品の開発

特産品をセット販売で

農産物直売所の売上げを高めるには、りんご、みかん、ぶどう、さくらんぼ、なしなどの果樹、メロン、いちごなどの園芸作物、やつがしら、やまといも、ながいもなどの農産物といった値段の高い販売品、だだちゃ豆、金時芋のような地域特産物があるとよいでしょう。これらの農産物は箱詰めし、千円単位で販売できます。

果樹地帯では、収穫期にテントなどの仮設店舗を設け、レジを増やして販売しています。宅配便の専属コーナーまで設けて、宅配便の会社が人を派遣してくるようです。店の売上げが一日数百万円になった例もあります。

これらの農産物には地域性があり、どこでも生産できるわけではないのですが、地域に適した農産物の生産を研究するべきでしょう。岩手県紫波町「紫波ふる里センター」では、従来のキャンベルなどのぶどうのほかに、人気の高い大粒種ぶどうの生産開発に挑戦し、成功しています。

一品種の販売だけではなく、地域生産物や特産物を詰合わせセットにして販売する方法もあります。贈答用などとして三千円セット、五千円セットなどをつくります。山形県櫛引町「産直あぐり」では、正月用詰合わせセット（餅や干し柿などの加工品中心）を売り出したところ、地元住民が都会の親戚に贈るのに便利と好評であったようです。

盆、正月、彼岸などの前には、花がよく売れます。この時期に合わせて、花の栽培をすることも考えられます。

購買意欲を刺激する品を

最近は珍しい農産物が次々と出現しています。白いなすに驚いたり、古代米のうまさに感心します。珍しいうちは高値販売が期待できます。農産物直売所の利点は、珍しい物が少量生産でも売れることです。農業改良普及センターなどで教わり、新しい農産物の栽培にも挑戦してみましょう。

特別な品種ではありませんが、泥付野菜が喜ばれることもあります。長距離トラックの運転手が泥付大根をまとめて予約購入した例があります。運転手の話によると、東京では泥付きが喜ばれるので、ここで仕入れて東京で売るのだそうです。運転手の小遣い稼ぎになっているのでしょう。泥付きは新鮮さを訴え、素朴な農業者の店を演出してくれます。

（2）地域の伝統食、こだわり加工品を商品化

農産物直売活動が盛んになるにつれて、各地の直売所で農林水産加工品の販売も盛んになりだしました。とくに、地域伝統食、おふくろの味、保存食と呼ばれる手づくり食品が人気を呼び、復活してきています。それを買いたくて店が開く前からお年寄りが店の前に並んでいるという話も各地で聞きます。技術を持ったお年寄りが健在のうちに、地域の無形文化財産といえる技術を伝承しておくことも大切です。加工品の販売に自信をつけて、直売所に併設して加工施設をつくる動きも各地にあります。

地域の伝統食品の復活だけではなく、新しい加工食品、調理品への挑戦もしてください。おからドーナツ、手づくりパン、各種惣菜などさまざまな加工品を販売しているところがあります。韓国との交流事業でキムチ漬けを教わり、人気商品として販売しているところもあります。視察研修では、食文化の異なる遠方に行き、ヒントを得ることも大切です。

なお、農産物加工品の製造は保健所の許可を得た施設で行なわねばなりませんので、必ず保健所に相談し許可を取ってください。

ここでは参考までに、東北地方と中国四国地方の加工品の事例を紹介します。

● 東北地方の農産物加工品の事例

餅類（東北地方はさまざまな餅加工品が目立つ）、はっ

と（すいとん）、だんご類、まんじゅう、おこわ、乾麺、そば（半生）、豆腐、豆腐田楽、油揚げ、がんもどき、味噌、醤油、食用油、りんご酢、焼き肉のタレ、ドレッシング、漬物、梅干、にんにく加工品、甘納豆、ジャム類、ジュース類、ニジマスの薫製、ハム、ベーコン、ソーセージ

●中国四国地方の農産物加工品の事例

寿司類（中国四国地方はさまざまな寿司が目立つ）、炊込み飯、おこわ、おはぎ、餅類、笹ちまき、そば、うど

（山形県櫛引町「産直あぐり」）

（高知県伊野町「JA伊野町女性部直販所」）

地元農産物の加工品は、どこでも大人気

高知県伊野町「JA伊野町女性部直販所」の人気商品である「手造りみそ」

ん玉、はったい粉、モロヘイヤ粉、蒸しパン、味噌、漬物（千両なすのワイン漬け、鉄砲漬け、梅漬け、ワサビ漬けなど）、煮しめ、サラダ、天ぷら、酢の物、こんにゃく、ジャム類、やまももの加工品

（3）地域性豊かな農村工芸品を販売

農村地域の手工芸品と言われるような手仕事、冬仕事による工芸品が農産物直売所にあると、店の雰囲気がなごやかになり、生産者にも消費者にも喜ばれます。とくに、高齢者、障害者などがつくった工芸品などは、ぜひ店に置いていただきたいものです。

わら細工、竹細工、木工、陶芸などという伝統的なものだけではなく、リース、ドライフラワー、ハーブ製品など新しい工芸品もあります。いろいろと工夫してください。Uターン、Iターンなどでよそから移住してきた人のなかには、新しい技術を持った人がいますので、その方に教わるのもよいでしょう。また最近は、限られた資源の有効利用やお宝ブームなどで中古品の見直しがされ、リサイクル製品を置く店もあるようです。店の広さに余裕があれば、ぜひ検討してください。

ここでは、東北地方と中国四国地方の農村工芸品の事例を紹介します。

●東北地方の農村工芸品の事例

わら細工、木工製品、裂織り織物、刺し子、畳、木炭、竹炭、陶芸品、石製品、リース、ドライフラワー、ハーブクラフト、絵画・木工などの中古品

●中国四国地方の農村工芸品の事例

わら細工（わらじ、草履、しめ縄、炭俵、米俵、かごなど）、木工製品（こまなど）、ブローチ、竹細工、竹製ペンダント、竹ぼうき、手ぼうき、木炭、くん炭、竹炭、手づくりたわし、葛のかご、つた加工品、ひょうたん、大理石製品、手づくり石鹸、ハーブ製品、リース（クリスマスリースなど）、門松、縫製品（パジャマ、Tシャツなど）、不要品リサイクル

（4）地域限定品を目玉商品に

都市住民が農産物直売所をめぐる楽しみのひとつに、珍しいもの、そこでしか手に入らないものに出会えることがあげられます。山菜、雑きのこ、雑穀、葛などの山のものや珍しい昆虫などは、希少価値がありよく売れます。中山間地域の農産物直売所では、山の自然が育てたものを活かした販売に知恵を絞りましょう。都市住民に喜ばれます。その際は、食べ方、料理法、扱い方などをきちんと伝えることが大切です。

ただし、これらのものは乱獲しないように注意してください。山菜がよく売れるため乱獲してしまった地域で、その後話合いをして採り方の申合わせをしたところもあります。とくに、珍しい山野草は乱獲による絶滅の心配もあり、自生している山野草の販売は控えてください。

ここでは、東北地方と中国四国地方の珍しい販売品の事例を紹介します。

●東北地方の珍しい販売品の事例

山菜各種、雑きのこ、山菜加工品（瓶詰など）、食用菊、ハーブ苗、山野草（栽培物）、古代米、古代米加工品、烏骨鶏卵、鹿肉、地ビール、白なす、ズッキーニ、パプリカ、チコリ、プッチーニ、いちょうエキス、蜂蜜、竹酢、まむし、かぶとむしの幼虫、沢がに、川魚（やまめ、いわな、あゆなど）、塩蔵もずく、EMぼかし

●中国四国地方の珍しい販売品の事例

山菜、山野草、ヤーコン（芋の一種）、野草茶、すぎな茶、すいか糖、蜂蜜、どんぐり加工品（パン、うどん）、刺身こんにゃく、むかご、いもづる、うこん、うこん茶、烏骨鶏卵、きじの卵、ちゃぼの卵、へちま水、木酢液、いのしし肉、だちょう肉、あゆ、あまご、煮干し、ちりめん、ガーデニング用品、こけ類（園芸資材）、天草、かぶと虫、くわがた虫、堆肥

（5）集客効果が高い手軽な食べ物を売る

最近は、農産物直売所に農村レストランといえるような立派な食堂を併設するところが増えてきましたが、そこまではしなくとも、手軽な食品が食べられる立ち食いスタンドや軽食喫茶程度の簡易食堂を併設するとよく売れるようです。

入り口近くでソフトクリーム、ソーセージなどの販売、直売所の隅でうどん、そば、ラーメン、おにぎり、アイスクリームの立ち食い、簡単なテーブルを用意した軽食喫茶などが各地に見られます。

岩手県葛巻町「道草の驛」では、店の前に簡易いろりを置き、豆腐田楽を焼いて販売し評判になりました。山形県櫛引町「産直あぐり」では、平成九年九月に開店後、店に設けたうどんやおにぎりを提供する程度の簡易食堂に長距離トラックの運転手などが固定客となったので、当初計画では十二月から冬期休暇に入る予定であったものを変更し、冬も営業することにしました。しかも、これらの固定客が直売部門の売上増にも寄与しています。

ここで、東北地方と中国四国地方の手軽に提供できる食べ物の事例を紹介します。

●東北地方の手軽な食べ物の事例

うどん、そば、おにぎり、焼きにぎり、手づくりパン、餅菓子、まんじゅう、だんご、大福、アルメロようかん、りんごのレアチーズケーキ、豆腐ケーキ、スナック菓子、漬物、ジャム、各種ジュース、プラムネクタ－、ソフトクリーム、ヨーグルト、ソーセージ

●中国四国地方の手軽な食べ物の事例

おむすび、やきごめ、うどん、パン、たこ焼き、季節の和菓子、まんじゅう、甘酒、メロン、ジャム、ゼリー、ジュース、アイスクリーム、シャーベット、ハム、ベーコン、焼肉

第3章

農村の魅力が伝わる店舗のつくり方 ～素朴さをプロフェッショナルに演出する方法～

1 農村らしさでアピールする

(1) 建物は素朴に、店内は飾らず清潔に

農産物直売所は、みずからが生産した自信作を流通経費や手数料などの中間経費を省いて直接消費者に提供するという理念が基本です。生産物を消費者に直接提供する以外には、できるだけ費用をかけないことが原則です。建物は道の駅やスーパーなどと違い、木造など素朴で自然なつくりにし、建物内外の飾付けは簡素にするべきでしょう。

ただし、店の周囲や店内、商品に清潔感がなければなりません。床、陳列台、トイレなど店内外の掃除や販売品には気を配り、汚いという印象を持たれないようにしてください。

（2）直売所らしい商品の並べ方・置き方・見せ方

農産物直売所の商品の並べ方・置き方をみますと、大きく次の二とおりあります。

・コンテナ方式：会員に商品を入れるコンテナ（商品ケース）を事前に配り、その会員のコンテナを会の決まりに基づいて店の中に並べる方式

・品目別定位置方式：品目ごとに置き場を定め、そこに会員が販売品を置いていく方式

●顔が見えるコンテナ方式

コンテナ方式は、一人ひとりのコンテナにいろいろな商品が入っていますので、客は青空市場みたいに買いたいものを探す楽しみがあります。さらに、コンテナごとに生産者が決まっていますので、生産者の顔が見えるような親近感が持てます。コンテナの隅に生産者の顔写真、挨拶文、つくり方の哲学のようなこだわりの表明などがみられると、客は何となくうれしくなります。朝市のように、顔の見える取引きができるのです。実際に長期継続している店で聞きますと、固定客（リピーター）のなかには、生産者名を覚えていてその人のコンテナの商品

（青森県名川町「名川チェリーセンター」）

特色のある木造建物に農産物がいっぱい

をたびたび買っていくようです。

欠点のひとつは、会員（コンテナ数）が多くなると、客が目的の商品を探すのに時間がかかり、わずらわしくなることです。会員一人に二コンテナとして、会員一〇〇人以下程度であれば十分対応できますが、それ以上になると品目別定位置方式がよいでしょう。たとえば会員数一〇〇名の青森県名川町「名川チェリーセンター」はこのコンテナ方式で、平成十一年は年間売上げ二億六千万円です。

「コンテナ方式」で売上げを伸ばす青森県名川町「名川チェリーセンター」

コンテナ方式の場合、置く位置により売行きに差がでるのも悩みです。そこで、この方式を採用する直売所は、一定の決まりやくじ引きなどで定期的にコンテナを置く位置を変えることが必要になります。

さらに、会員が出荷をしないとその位置が空いてしまうという問題もあります。目立つ場所に空のコンテナが多くあると、品薄感を客に与えることになるため、出荷しない人の対策が必要になります。当日の店番の判断でコンテナの場所を移すようにします。

また、客がいったん買い物かごに入れた商品を別の人のコンテナに戻してしまうことがよくあります。残品の引取りなどで混乱しないように、会員で協力しあうことが必要です。一般的に農村部の農産物直売所では、このコンテナ方式を採用する方がよいでしょう。

●選びやすさなら品目別定位置方式

品目別定位置方式は、スーパーのように商品の品目別に置き場所を決め、品目別定位置に自分の販売品を置いていく方式です。

一カ所にまとまって同じ品物が置いてあるため、価格や品質を比較して買いやすいようです。また、急いで買い物をしたい人には便利で、利便性、機能性を重視した方式でしょう。

この方式の欠点のひとつは、スーパーのようになってしまい、個々の商品の生産者の顔が見えなくなってしまうことです。その対策としては、商品ラベルごとに生産者名を付け、生産者の顔写真を壁に飾っておくなどの方法があります。また、スーパーとの違いを強調するために、新鮮さなど産地のこだわりや特徴の説明などを主要品目置き場に掲示するなどの対策が必要でしょう。

会員の出荷量の調整も問題になります。たとえば、ひとりの会員が大量に持ち込むことを制限する方法を考えるか否かです。朝一番の持込みはコンテナ二箱分とするなどの工夫が必要です。一品目について最大○○点までといった具合に、出荷数量を限定して多品目出荷を促している店もあります。岩手県紫波町「紫波ふる里センター」では、品目ごとに会員同士で自然に調整が図られたそうです。

一般的に都市部および都市近郊で会員が一〇〇名を大きく越すような場合は、この方式を採用する方がよいでしょう。

(3) 農業者が交代で店頭に立つ

農産物直売所では、できるだけ出荷する農業者みずからが交代で店頭（店番）に立つようにしましょう。ただし、都市部および都市近郊兼業農家地帯では、なかなかむずかしいようです。

農業者が直接販売することは、農業者自身の意欲の向上につながり、消費者にも喜ばれます。農業者は、客に喜ばれたり、誉められたり、つくり方を聞かれたり、という対話が励みになります。店に出る最初の四〜五回は気が重かったという人もいるようですが、その後は逆に店に当番で出る日が楽しみになるようです。高齢者でも気が若くなるようだと言っています。

客からの注文や情報が新たな意欲を引き出してくれることもあります。ふるさとの農産加工品、工芸品などの復活や新たな開発が、客からのヒントによることも多いようです。一方消費者には、生産者の話を直接聞けることが買い物の喜びのひとつとなっています。

農業者が店頭に立つときには、以下のようなことを心がけましょう。

・清潔感を第一に

店頭で接客する人は、手をきれいに洗い、華美をさけて清潔なものを着てください。爪に泥が付いている手で包装されたのでは、客はよい気持ちにはなれません。お揃いのエプロンやスカーフにするとまとまった印象を与え、店内でも客との見分けがつきやすくなります。

・つくり方、食べ方、保存の仕方の手ほどきを

その土地ならではの珍しいものなどについては、つくり方、食べ方、保存の仕方を教えられるようにしてください。珍しいものではなくても、山菜、食用菊の料理法などについてはわからない人が少なくありません。レシピなどを印刷して用意しておくのもよいでしょう。

・土地の言葉で親切に対応する

普段話している土地の言葉で、飾ることなく素朴に客とふれあいましょう。親切で良心的な態度は自然に客に伝わります。無理をして型どおりの接客をするよりも、土地の方言で語りかける方が安心感をもたれ、喜ばれます。

・「地域の案内人」の役割も果たそう

農産物直売所の多くは、その地域の名所のようになり、観光客なども含めていろいろな人が訪れます。遠方から来た客のなかには、地域の名所旧跡、特徴、近くの温泉などを尋ねる人がいます。店頭に立つ人は、地域の案内人としての自覚も持ってください。店に観光地図やパンフレットを用意しておくと親切です。

● 当番制の組み方

会員全員が順次当番に出る方式と、当番に出られる人だけで組む方式があります。さらに、会員農業者の当番のほかに専任レジ係を採用する場合もあります。

いずれの場合も当番に出られる人で決まりをつくり、順次出ることになります。平日、土・日曜日の来客数に合わせて人数を配置します。年間売上げ一億円以下の直売所であれば、平日二人、土・日曜日三人程度の当番でよいかもしれません。店によっては、当番に出る人の組合わせに配慮し、作業の早い若い人と高齢者を一組にしているところ、毎回組合わせを変えているところなどもあります。

●当番制で注意すること

まず、毎日の店頭情報の伝達です。全員当番制の場合は、客の注文や苦情などの店頭情報を翌日以降に申し継ぐ方式を決めておく必要があります。普通はノートなどを使いますが、重要事項は役員に連絡したり、電話などで翌日の当番に伝達するようにします。

次に、苦情など緊急時の対処方法です。日常的なこと以外の苦情などの対処方法は、慣れないことなどであわてないように、あらかじめ決まりをつくり、全員で事前によく学習しておきましょう。また、役員との連絡体制をつくっておきます。

当番日に急に出られなくなる場合の対処方法としては、代理として家族や他の会員に代わってもらうなどの方法を会の規則であらかじめ決めておきます。会員のなかにいつでも出られる人がいれば、緊急時はその人に依頼するようにしておくのもひとつの方法です。

月一回程度の当番制では、店頭の作業にいつまでも習熟せず、客に迷惑をかける心配もありますが、非常に込み合う日以外は、それほど問題ないようです。しだいに慣れて、それなりに速くなります。むしろ、農業者が慣れない手つきで頑張っている様子を、客は温かく見守ってくれます。

(4) 専従職員の位置づけと役割

都市部や都市近郊の大規模な店、専業農業地帯の店には、専従職員を置く農産物直売所が多くなっています。全員専従の店と、農家当番制との併用の店があります。

専従職員を置く利点は、作業が速く的確になること、事務連絡の申送りの心配がないこと、緊急時の対応が十分できることなど、多くあります。

欠点としては、農業者の顔が見えにくくなること、一般スーパーなどと変わらないという印象を持たれること、農業者の意識が、私はつくるだけの人という系統出荷の意識と変わらないことです。

これらの対策として、店頭に立てる農業者の組織化を図り、専従と当番の併用制の採用を奨めます。専従者がいると、当番者の気分も軽くなります。

岩手県紫波町「紫波ふる里センター」では、女性農業者の日替わり店長が三人いて、三日に一日出勤します。店長はレジ作業のほかに商品の配置、不良品の排除、自動販売機の管理などを担当しています。店長は農業者でもあり専従者でもありますので、客対応が上手で好評のようです。レジの繁忙期には、非番の二人の店長が応援するようです。店長以外は会員世帯の当番制ですが、世帯員なら中学生から高齢者まで誰でもよいことにしていて、中学生に農業への関心を持ってもらうよい機会になっているようです。

まれに、専従職員が会員農業者の出荷物の選好みをするような場合や、専従職員が自分の生産物や仕入れ農産物の販売に力を注いでしまい失敗した例もあります。したがって、農業者組織が専従職員を雇う場合は、役員がしっかり職員を管理することが重要です。専従職員の皆さんは、出荷する農業者を平等に暖かく扱い、激励してください。

(5) 当番手当で意識を変えよう

レジ係として当番で出る方式を採用する場合、当番手当を支給するか否か、店によってさまざまです。一時間当たり八〇〇円程度支払うところから無料のところまであります。

全員が順番で当番に出るのであるから支給しなくてよいという意見もありますが、本来的にはその労働報酬として支払うべきでしょう。ただし、その場合は売上げの手数料率が幾分高くなります。たとえば単純に考えて、六〇人の会員が一カ月に一回は当番に出るとすると一年間で七二〇人日の手当が必要です。一日一人五千円とすると年間三六〇万円の支払いとなります。売上額が年間一億円とすると販売手数料を三・六%高くすることになります。

当番手当てを支給する方が、自分の時間を提供する労働に価値をつけなかった農業者にとって、意識の改革になるかもしれません。

2　販売価格と手数料の決め方

(1) 値ごろ感のある価格設定に

農業者の夢のひとつは、自分の生産したものに自分で値段をつけることだと言われます。それが実現できるのですから、農産物直売活動に参加した方は喜びも大きく、元気が増すのでしょう。

直売所開店前の話合いの場でよく出る意見が、販売価格の決め方です。なかには、価格は役員に決めてほしいと発言する方もいます。

一般的には価格は出荷する農業者が決めているようで

す。農業者自身の意識が高まり研究もし、絶妙な値段を決めています。役員などが周辺のライバルと考えているスーパーなどの価格を見て回り、その少し安めの値を店の標準価格としているところもあります。新聞に掲載される地元市場の価格を基準にしている例も多いようです。

開店当初には、売上実績をあげたくて仲間よりも安売りするような方をしばしば見かけますが、これはやめた方がよいでしょう。安売り商品は店の目玉商品になり、店としては助かります。しかし、安売り商品が売り切れて、残った普通価格のものが売れ出すと、最終的には安売りした人の販売額が低くなります。

農産物直売所競合の激しい地域では、直売所間の安売り合戦も始まりそうな気配ですが、これもやめましょう。安売りは結局自分を苦しめることになり、さらに、周辺の流通業者の反目をかうことになります。

(2) 販売手数料は運営の必要経費

● 販売手数料の必要性

農産物直売組織を発足させる段階で組織の決まりを定めますが、組織として徴収する販売品の手数料をいくらにするかは会員の最大の関心事で、決めるのに苦労します。

まず、手数料を取る必要性あるいは手数料の使い道を説明します。農産物直売所を運営するには、当然のことながら金がかかります。ここではひとつの例として、役場が施設をつくり、それを組織で借用して全員当番制で専任職員を雇わないで直売活動を行なう場合を考えます。それには次の経費が必要となります。

● 農産物直売所の主な支出項目

施設使用料：役場が免除する場合もありますが、特定者が収益活動をするのですから、徴収されることが多いと思います

光熱通信費：電気、ガス、水道、灯油、電話、下水などの料金など

販売対策費：宣伝広告費、イベント費用など

研修対策費：生産技術講習、先進地研修など

会議費　　：総会、役員会、その他会議の費用
業務費　　：印刷費、消耗品費、接待費など
リース料　：レジスター、コピー、ファックス、パソコンなど
福利厚生費：お茶代、慶弔費
当番者手当：店の当番の手当
役員手当　：役員の手当
その他手当：出荷者の運搬費、包装費など
雑費　　　：その他の費用

注1：当番者手当は、当番の方式により考え方が異なります。手当額は初年度は収支を赤字にしないために、収支結果がある程度予測できるようになるまでは保留にしておく方がよいでしょう。ただし、期末にまとめて払うようにすると、余剰金の分配と解釈され税金の対象となる場合があります。

注2：役員手当は本来出すべきです。各地の組織のなかには役員はボランティアで頑張り、手当をもらわないところもあります。しかし、役員はかなり仕事量が多くなりますので、長期にわたり運営を続けるためにも、組織として経営の見通しが立った時点で手当を出すようにしましょう。

注3：専任職員、パート職員、アルバイトなどを雇用する場合は、当然その項目が必要になります。

注4：建物の補修や機械資材の補充が必要になることがあります。初年度は特に多いと思います。

このような支出となる費用を、会員の売上げなどから賄わなければなりません。収入としては次のような項目があります。

●農産物直売所の主な収入項目

会員販売品の手数料：一般に生鮮品と加工品で差をつけ、売上げから一定の手数料を徴収します
地域内委託販売品　：同右
地域外委託販売品　：同右

●販売手数料の設定例

販売手数料の設定は、上述した収支予測のなかで決められますが、実際の予測はかなりむずかしいものです。ひとつの目安として、車で一時間以内に人口五～一〇

万人程度の都市が存在する平均的な農村地区で、主要道路に面して目立つところに農産物直売所が開店する場合は、年間五千万円以上の売上げが十分考えられますので、

表5　直売所開店当初1年間の販売手数料設定例

・会員の生鮮農産物の販売手数料	：売上額の15％（10～20％）
・会員の加工品の販売手数料	：売上額の20％（15～25％）
・地域内委託生鮮品の販売手数料	：売上額の20％（15～25％）
・地域内委託加工品の販売手数料	：売上額の25％（20～30％）
・地域外委託生鮮品の販売手数料	：売上額の25％（20～30％）
・地域外委託加工品の販売手数料	：売上額の30％（25～35％）

注：（　）内は上限と下限を表わす

当初一年間は表5のように定めることができます。

なお、一部会員の当番制で当番手当がない場合は、当番に出る人と出ない人で手数料を五％程度差をつけるとよいでしょう。

また、手数料は売上状況により修正することが必要になります。売上げが多ければ当然運営が楽になり、会員手数料を引き下げます。またその逆もあり得ます。繁盛している直売所をみると、五～一〇％に下げているところもあります。

3　品質管理と売残り対策

（1）品質管理をどうするか

●日常的な品質管理対策

農産物直売所では採りたて野菜、つくりたて農産加工

★品質管理は全員で
5日後が
食べごろです
食べごろの判断が
むずかしいものには
食べごろの表示を
付けるとよい。

品の販売が命です。鮮度の落ちたもの、賞味期限が切れそうなものを販売してはいけません。品質管理責任は、基本的に出荷する会員農業者にあります。全員で申合わせを守り、店の評判を高めることが第一です。各地に直売所が増え、競争の時代になりますので、会の決まりを守れない会員には、厳しい罰則を覚悟してもらいましょう。

コンテナ方式の場合は、自分のコンテナに他人の販売品が紛れ込んでいる場合がありますので、全員で品質管理をするべきです。

役員あるいは店番をする人には、問題がある販売品は店頭から撤去する権限を与えることも大切です。

メロンや洋なしのように食べごろの判断がむずかしい食品は、生産者に食べごろ表示を義務づけましょう。

会員同士の研鑽で向上

会員同士の情報交換による学習、農業改良普及センターの先生の指導、先進地視察などを定期的に行ない、生産技術の向上に努めましょう。

農産物直売活動に参加した仲間は、一般的に農業に情熱があり向上心のある方ですので、日ごろの話合いによる学習効果が高いようです。優良事例といわれる直売所では、毎朝開店前に会員が仲間の出荷物を見て回り、珍しいものや新しいものは開店前に自分の勉強のために買ってしまうと聞きます。競争心が前向きに働くと、このようになるのでしょう。

農業改良普及センターの先生の話では、農産物直売所の会員は職員の話を熱心に聞く人が多く、教え甲斐があるそうです。農家に嫁いだことを悔いていた若い女性農業者が、直売活動に参加したとたんに目の輝きが変わり、積極的に作付けや技術のことを聞きに来るようになったという話もあります。

会員の向上心が高まり、先進地視察研修を毎年必ず行なっている直売組織が多いようです。

(2) 売残り対策あれこれ

農産物直売所が繁盛するためには、絶えず品揃えが十分であることが必要です。勤め帰りの夕方に寄ってみたら野菜がほとんどなくなっていたというようでは、その客は次には来なくなるでしょう。

当日店に出した新鮮な農産物が売り切れたらそれでおしまいという売り方もありますが、新鮮な農産物を絶えず切らさないように供給しようとすると、どうしても売残りが出ます。この対策は難しいでしょう。

店によっては、新鮮さを売りものにするため、農産物は採った当日（または翌日まで）しか販売しないという申合わせをしているところも多いようです。値段をつけたり包装したりする作業がありますから、朝持ってくる野菜は前日採ったもの、午後のは当日のものとすると無理がないでしょう。

当日残さず売り切るためには、閉店間際に安売りするということも考えられます。しかし、これには注意が必要です。その店の価格に対する信用を失うおそれや閉店間際まで客が買い控える習慣がついてしまいます。適正価格で販売しているから安売りはしないと言明している店もあります。

売れ残ったものは、併設している農村レストランの食材としていくらか安い値段で買い取ったり、惣菜に加工利用するということも考えられます。

4　消費者ニーズの把握法

(1) 苦情をレベルアップに役立てよう

● 苦情を言う客には感謝しよう

販売活動をしていると客の苦情はつきものです。苦情が多い店は困りものですが、苦情は店の発展のための忠告です。苦情を言ってくれる客は、店の欠点をわざわざ教えてくれるのですから、店に愛情がある客、店の応援団だと考えましょう。苦情を言う客には感謝する気持ちを、会員と雇用している店員全員が持つようにするべきです。

● クレームになる事例

＊野菜・果樹など生鮮品への苦情

・商品そのものの鮮度、味、傷、色など、品質に対するもの（とくに果樹の品質にはよくあるようです）。

・野菜に虫がついていた。

・箱詰めのものが見本と（あるいは箱の上段（見かけ）と下段（中身）とが）違う。

・メロンや洋なしなどの食べごろがわからない。

・箱詰めものの数量不足。

・試食品はうまいが買ったものはまずかった。

・地域特産物を贈答されたが、食べ方がわからない。

なお、きのこや山菜類は食用に適さないものが間違って販売されるおそれがありますので、注意を要します。

＊加工品への苦情

・そのものの味、不純物混入、賞味期限切れ、表示内容と中身の違いなど。

これまでは、農業者の手づくりとして多少の不純物混入くらいは大目にみてもらえましたが、安全なものを販売する製造者責任が強く求められる時代ですので、これ

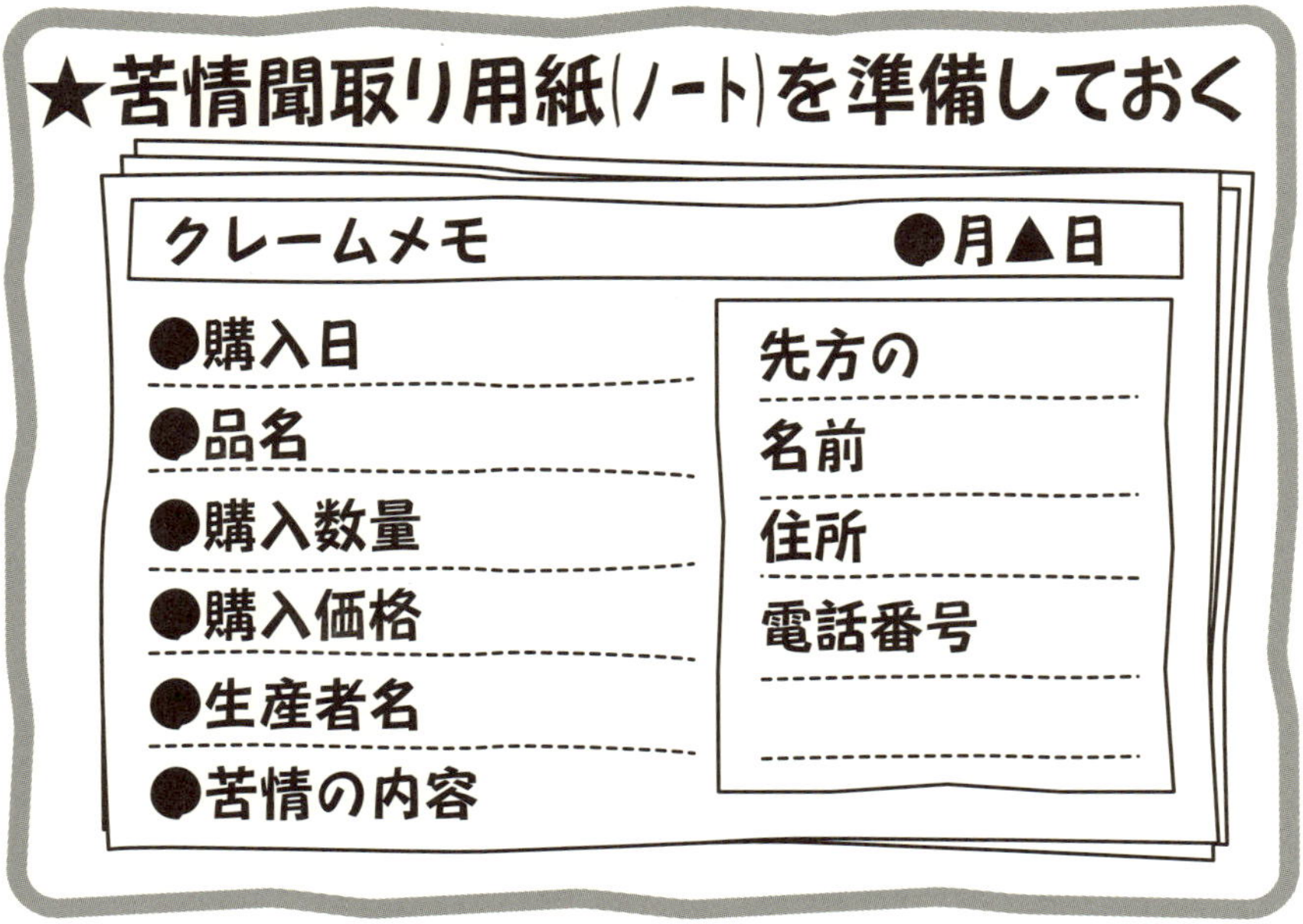

からは甘えが許されません。

＊接客対応、店のつくりに対する苦情

・レジの時間がかかりすぎる、計算を間違えた、袋の詰め方がぞんざいだ、質問に対して不正確な答えをした、質問に答えられない、親切な対応をしない、電話の応対がわるい、宅配を頼んだが届かないなど。

・そのほかに、地元のものと仕入れたものが混ざっている、店が汚い、店の商品の置き方が乱雑、トイレが汚い、駐車場が狭い、駐車場に入りづらいなど。

●内容を把握し誠実に対処

苦情があった場合は対応の仕方が大切です。しっかりと対処すればその客が固定客になる可能性があり、いい加減な対応をするとわるいうわさを広められる心配があります。

まず苦情が直接あるいは電話であったなら、事前に用意されている苦情聞取りノート（あるいは特定の様式の用紙）に、その内容を冷静に聞取り記録（メモ）します。

商品に対する苦情であれば、購入日、品名、購入数量、購入価格、生産者名、苦情の内容（どのようにわるかったか具体的に）、先方の名前・住所・電話番号などを正確に記録します。

慣れないうちは、苦情ということで気が動転し謝ることにばかり気を使い、肝心の苦情の内容などを把握しないこともあるようですが、聞取り項目を整理した苦情用ノートを常備しておくと対処がしやすいでしょう。

手紙などで苦情が寄せられた場合は、お詫びの電話を入れるとともに、上記した項目の不足を再確認することも必要でしょう。

●情報を通知し、再発防止

次に、商品に対する苦情であれば、再発防止のためにそれを生産者に正確に知らせることが必要です。農産物直売活動組織は、会社など縦のつながり（上下関係）が厳しい組織と違い、会員は対等意識が強く、他人から指示や指摘されることを嫌うようです。しかし、苦情になる原因を見過ごしておくと店全体の信用をなくしますので、ここはルールをつくってきちんと対処してください。

苦情の連絡は感情問題になり組織が乱れるおそれもありますので、生産者に連絡するのは役員に任せるのもひとつの考え方です。冷静に問題点を指摘し、再発防止を促します。再々問題を起こす会員には、出荷停止などの資格停止も考慮する必要があります。

苦情を寄せた客への謝罪対策も重要です。商品に対する苦情の場合は、「倍返し」の気持ちで対応するのがよいでしょう。苦情対象となった商品に添えて、謝罪文と地域の特産品などを送ります。相手が都市住民であれば、農村の心として季節の草花などを添えて送る店もあります。商品以外の苦情も同様に、指摘に感謝し速やかに改めますという手紙とともに、場合によっては特産品などを送ることを奨めます。

(2)　消費者動向調査の効果的な方法

●アンケートは専門家と相談

客の好みや店に対する要望を把握するために、客へのアンケート調査をすることも考えられますが、使える情報（データ）を得るのはなかなかむずかしいものです。

アンケートする日時、時間、目的、内容、アンケートの仕方（聞き方）、アンケート数などを十分事前に検討してから行なうべきです。日時や時間により客層が異なることが多いので、目的によりいつ実施するのかが重要になります。また、何を聞き出したいのかを整理してからでなければ、せっかくのアンケートが無駄になります。

新たな加工開発品では試食アンケートもよく行なわれますが、単品のみの試食ではあまり信用できません。無料でもあり、お世辞でうまいと言うものです。この場合は、複数のものを試食させ、一番を選ばせる方式がよいでしょう。いずれにしてもアンケートを実施する場合は、普及センターの先生や専門家に相談することを奨めます。

●バーコードをフル活用

現在は多くの店でバーコードを用いていますが、これによる入力情報（データ）は、きわめて正確な客の志向動向をとらえて、解析してくれます。商品ごとの販売推移をみれば売れ筋動向がわかり、個人ごとの販売推移をみれば品質志向がわかります。この分析結果を毎年会員総会などで、全員にわかりやすく説明してください。

バーコードで得られるデータの分析では、一定期間のデータの蓄積が必要です。前年同月との比較などに意味があります。また、どの程度分類して分析するのがよいのかなど、導入時にメーカーと相談してください。

5　販売品の付加価値の高め方

(1) 包装、商品名、ラベルは素朴に見やすく

農産物直売所で販売する農業者の商品は、一般流通商品のような派手な金をかけた包装やラベルデザイン、思わせぶりな商品名（ネーミング）は不要でしょう。素朴なかたちで農業者の伝えたい気持ちを素直に表現するの

がよいでしょう。ただし、素朴さと手抜きは異なります。

農産加工品には包装がつきものですから、覚えやすいデザインや商品名をつけましょう。「ふるさと」イメージに加えて、ユーモアやおしゃれ心があるとすばらしいものになります。地域のなかにもデザイン、絵、キャッチコピー（宣伝文句）の上手な人がいますので、彼らの力もかりましょう。

生鮮農産物でも自信作であれば「○○農家の真心トマト」「やぎさんのウッメー野菜」といった商品名をつけると、客に覚えてもらいやすく固定客をつかむきっかけになります。

店として統一したデザインの包装紙や袋を用意することも考えましょう。品名のラベルなどは統一するのが基本です。

（山形県櫛引町「産直あぐり」）

手づくり感覚をいかしただんごのラベル

● 個人名表記はルール化も必要

ラベルの表示では、組織活動のなかで個人の存在をどこまで表に出すかを討議することになります。まず個人名を表示するか、会員番号だけとするかを組織として決めます。農産物直売所では、生産者個人の名前がある方が客に好感を与えると思われます。

次に、個人の住所・電話を明示するか否かを決めます。個人の住所などを明示すると、客との直接取引きも始まりますので、それを嫌う組織は個人の住所や電話は入れていません。個人電話が明示されていると、客から直接商品の評価を電話されることがあります。誉められるとうれしいもので、生産する意欲はわきますが、その反対の場合もあります。

ラベルの表示では、品名、数量、値段、生産者名、販売所名など決められた項目がありますので、農業改良普及センターなどの指導を得たうえで、組織として申合わせしたことを守ってもらいます。

(山形県櫛引町「産直あぐり」)

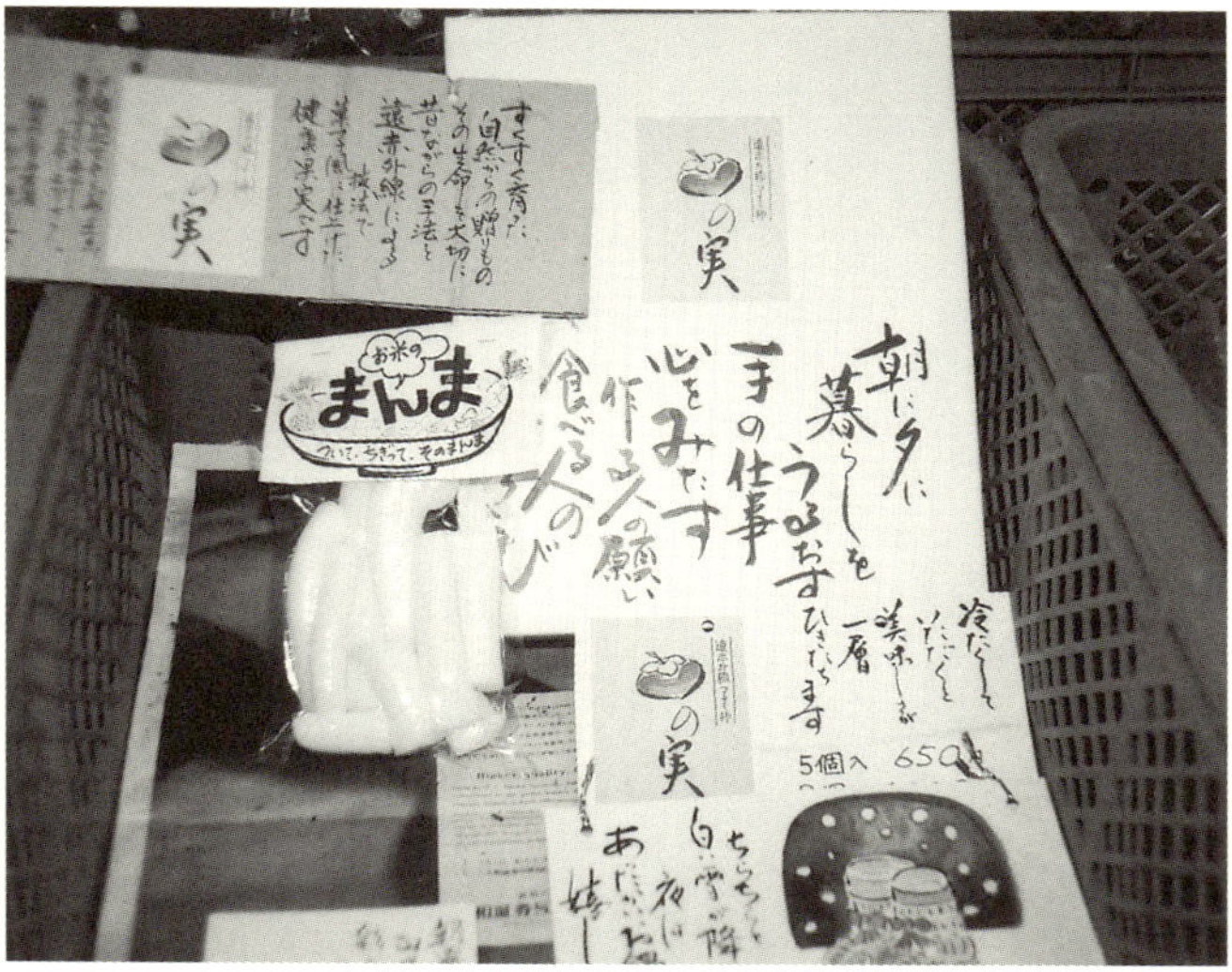

(山形県櫛引町「産直あぐり」)

生産者の思い入れを伝える

(2) 商品情報が付加価値を生む

● 生産者のこだわりを伝えよう

その商品をつくった背景にある生産者の思い入れを客に伝えることも重要です。

農産物であれば、「有機質肥料を用いて無農薬でつくった」などと安全を重視してつくっていること（ただし、「有機」の表記は認定が必要です）、朝採り野菜にこだわっていること、完熟にこだわっていることなどがあるでしょう。それが伝わる商品名をつけたり、つくり方のこだわりを説明した簡単な文章（しおり）を袋の中に入れたりします。

（例：合鴨農法米、完熟朝採りトマト）

また農産物には、「だだちゃ豆」、「くれつぼかぶ」など地域独特の名前で呼ばれている名物がありますが、客は名前の由来にも興味があります。地域外からの客が見込めるところでは、地域特産物には由来の説明書を個別に入れたり、店頭で大きく表示したりして、付加価値をつけるとよいでしょう。

伝統的な農産加工品や工芸品は、その生産過程、食べ方、由来・歴史などを説明するものを添付してください。

（山形県櫛引町「産直あぐり」）

山菜の調理法を解説する印刷物。消費者にとってうれしい商品情報だ

その商品に箔がつき、イメージアップにもなります。生産のこだわりなどを簡潔に示した目印になる宣伝用のマーク（ステッカーなど）を袋に貼ることも考えられます。

食べ方や料理法のアドバイスも

農産物や農産加工品は、長い歴史風土のなかでその食べ方が工夫され、地域に合うように技術が定着してきました。その方法は他地域の人にはわかりません。山間部ではありふれた食材である山菜、雑きのこ、雑穀などの食べ方でも、若い方や都市の人はわからないものです。

たとえば北東北地方で小麦粉やそば粉からつくる、ひっつみ、かっけ、はっと、乾燥した食用菊などの伝統食品はたいへんおいしいものですが、他の地域の人にはどうやって食べるのかわからないでしょう。調理法を知らなければ、せっかくのおいしさも届きません。地域特産物、珍しい農産物や加工食品は、その調理・料理方法をわかりやすく説明する印刷物などを必ず添付してください。

もっとも、農産物や農産加工品はその地域の水と空気と他の農産物や調味料との組合わせのなかでしか、本当のうまさは出ないと言う人もいます。秋田名物きりたんぽは、冬の秋田県北地域で、比内地鶏をダシにした土鍋でグズグズ煮ながら食べるのが本物でしょう。食べ方や調理法を話しながら、本当においしいものを食べたいのであれば、旬にこの土地に食べに来ようと思わせる、それがもっとも付加価値の高いアドバイスで、農村レストランの出番が待っています。

第3部

これからの農産物直売所

第1章

農産物直売所の継続・発展に向けて

1　農産物直売所も広報宣伝活動を

(1)　地元報道機関にとりあげてもらう

農産物直売活動を展開するうえで広報宣伝は重要ですが、予算の制約もあり、新聞にチラシを入れるような活動を再々はできません。そこでまず、地元の新聞、ミニコミ誌、テレビ、ラジオといった地元報道機関（地元マスコミ）を活用することが大切です。

地元マスコミは一般業者の報道はあまりしませんが、農業者がつくった農産物直売所の活動は好意的に扱ってくれます。日ごろから記者と仲良くし、各種イベントなどのときには事前に連絡することが重要です。イベント当日に取材できないときには、写真や記事を送ってあげるくらいの配慮が必要です。

最も宣伝効果が高いとみられるのは、その店の固定客が一番多い地域で最も発行部数が多い新聞に店のことが記事として載ることです。

（２）特色あるイベントを定期的に開催

イベントは店の宣伝にとって最も重要です。店が目立つ場所に立地していても年五〜六回は、目立たない場所であればできれば月一回は、定例で行なうとよいでしょう。

申　込　書　　受付月日　　No.

住所

氏名　　TEL

品名	規格	単価	数量	金額
餅（丸もち・切りもち・水とりもち）	一升	900円		
餅（餅米なし（丸もち・切りもち・水とりもち））	一升	1,600円		
赤飯	5合パック	1,150円		
〃	3合パック	750円		
〃	1.2合パック	380円		
笹巻	1コ	80円		
			合計	

納品予定日	受領印

備考

山形県東田川郡櫛引町大字西荒屋字杉下106−4
加　工　あ　ぐ　り
TEL 0235−57−5240

（山形県櫛引町「産直あぐり」）

イベント告知と商品の申込書を組み合わせたチラシ

とくに店をオープンした当初は、店の存在を知らせるためにもとりわけ重要です。できれば、地元紙などにイベント予告情報として載せてもらうようにするのが効果的でしょう。もちろん当日の模様も写真つきの記事にしてもらいましょう。

もっとも、最近は単なる平凡な農産物直売所のイベントは記事にしにくいと言われます。農産物直売活動を啓発したい時期はすぎているという見解です。イベントに何か心温まる仕掛け、目新しい企画が必要になっています。イベントの収益を役場や福祉施設に寄付する、福祉施設の人や学童を招待して餅つきをする、他の地区との交流イベントをするなど、単なる売上増や宣伝を目的としたものでない企画を入れてください。

表6　農産物直売所の年間イベント事例

1月	初売り大売り出し、寒鱈祭り
3月	花まつり・お彼岸セール
5月	山菜・孟宗まつり、あぐり杯ゲートボール大会
6月	さくらんぼ祭り
8月	お盆セール
9月	フルーツ祭り、あぐり杯ゲートボール大会
11月	お客様感謝デー、県漁協婦人部との交流特売
12月	歳末大売り出し
随時	強風被害果樹の特売セール

（山形県櫛引町「産直あぐり」の実績より）

最近は各地に農産物直売所ができましたので、農業改良普及センターなどが立案して広域的なイベントをする例が増えてきました。統一して特売をしたり、スタンプラリーなどと名づけて各地の直売所をまわった客にはサービスすることをしています。広域的に連携して「産直ロード」と呼称しているところ、広域産直マップをつくったところ、広域でアンケートを実施したところなどもあります。直売所で手に入る地元素材でつくれるメニューの提案を求めた例もあります。これらの活動は、都市住民に直売所の意義やその位置を知らせるのに効果があります。

都市部で行なわれるイベントに招待されて、単独であるいは複数の直売活動グループが出店する例もよくあります。県関係団体が主催する農業イベントなどです。これらの活動は、多少は店の宣伝にはなりますが、たいした効果は上がらず、収支でも持出しが多くなりあまり儲けにはなりません。つき合いのために参加せざるを得ないこともありますが、出かける人の手当などを考えると、お奨めはできません。もし参加した場合は、販売に加えて店の特徴と位置の宣伝に努めてください。

(3) ネットワークを広げる

●インターネットの活用を

農産物直売所のなかには、インターネットで宣伝販売するところが出てきました。売上げはまだ少ないようですが、徐々に伸ばしているようです。

岩手県紫波町「紫波ふる里センター」では、平成十二年四月から十三年一月まで試験的にホームページを開設していました。開設当初は一カ月に八千件もの閲覧がありましたが、更新しないでいたら月五〇〇件に落ちたそうです。販売につながったのは四〇件程度のようです。その結果を受けて、十三年一月から年間一〇万円以下のランニングコストで自前で新情報が更新できるホームページを開設しました。

山形県櫛引町「産直あぐり」では、試験的に始めたインターネットでの取引きが発展して、山形市や仙台市のスーパーとの間で果物や野菜の取引きがされています。今後は加工品などの取引きも予定しており、情報処理技術の進展に合わせた「新鮮・安全で生産者の顔の見える農産物流通」を推進していくようです。

ホームページを開設したら、掲示板などへの書込みを常にチェックし、受けた意見への迅速な対応が肝要です。

●支援者をつくる仕掛けも必要

上記の「産直あぐり」では、町が交流している大都市の祭りに出向いた販売活動や、修学旅行の農業体験を受け入れる都市住民との交流とともに、固定客の確保を目的に市民農園を併設しています。市民農園に来る利用者は、帰りに必ず店の野菜などを買って帰るということです。

岩手県矢巾町農産物直売所「やはば百笑倶楽部」では、地元の非農家住民が直売所の応援団となり「友の会(ファンクラブ)」を組織し、実際に宣伝活動などを手伝っています。

山口県福栄村「ログ計画」では、一定数のラベルを集めた客との交流会をしていて、同じ農家番号のラベルを一定数以上集めると、その農家が受入れ時のホスト(もてなし役)となるそうです。

2 継続・発展する直売所の秘訣

(1) 売上げに見合った管理体制

仲間が集まり仲良しクラブのような活動で農産物直売所を始めたところでも、売上げが伸び地域に認められて固定客がつけば、店として社会的責任・供給責任を果たさなければならなくなります。また、周辺各地に同様の店が増えてきましたので、競争の時代になります。そこで、しっかりした管理体制が必要になります。

管理を強化するためには、役員組織をしっかりすることです。イベントや宣伝活動などの企画立案、客や会員からの苦情の対処、研修活動計画、会運営資金の使い道など、毎月のようにさまざまなことを検討して決定し、連絡して実行することが必要になります。それを次々とこなしていく指導力が役員に求められます。

毎日営業する直売所では、会長は半ば専従職員のようにならざるを得ません。ただし、会長に頼りすぎ、会長が権限を持ちすぎ、会長不在のときは何も決められないという実態が多いようです。ある程度大きくなった店では、役員の分担範囲を明確にし、会長が不在の際の意志決定者を決めておくことも必要です。とくに、日常業務で即決即断が求められる店の営業関連業務については、会長不在でも対応できるようにしてください。

(2) 情報共有化を図る

役員会は月一回開催とするなど定例化が望ましいでしょう。そこでさまざまなことを討議して決定し、仕事の分担を決め、あとは関係役員が連携して進めることになります。

農産物直売活動に参加している会員は、会社などの縦社会組織と違って皆同格という意識が強く、役員会で決めたことでも「自分は討議に参加していない」、「聞いていない」と、決定に従ってもらえない例もあるようです。それでは組織的な活動にほころびが出ます。

役員会で決めたことは担当役員が記録をつくり、会員全員に書類で配布することが重要です。口頭連絡や回覧はいけません、必ず個人宛書類で連絡して、情報の共有を徹底してください。

また、連絡事項が早く確実に伝わるような組織にすることも重要です。会員数の多い直売組織では、地域割りで支部をつくり連絡網を密にするとよいでしょう。支部単位である程度独自に動くことを認めるのもひとつのいき方です。

会員が多い組織では専門部会を設ける方法もあります。野菜部会、果樹部会、花卉部会、漬物部会、加工部会、交流部会といった部会を設け、任意加入で生産や加工の研鑽をしてもらいます。これらの活動は、直売所のレベル向上になります。直売所の運営費から専門部会の研修費を支給している店もあります。

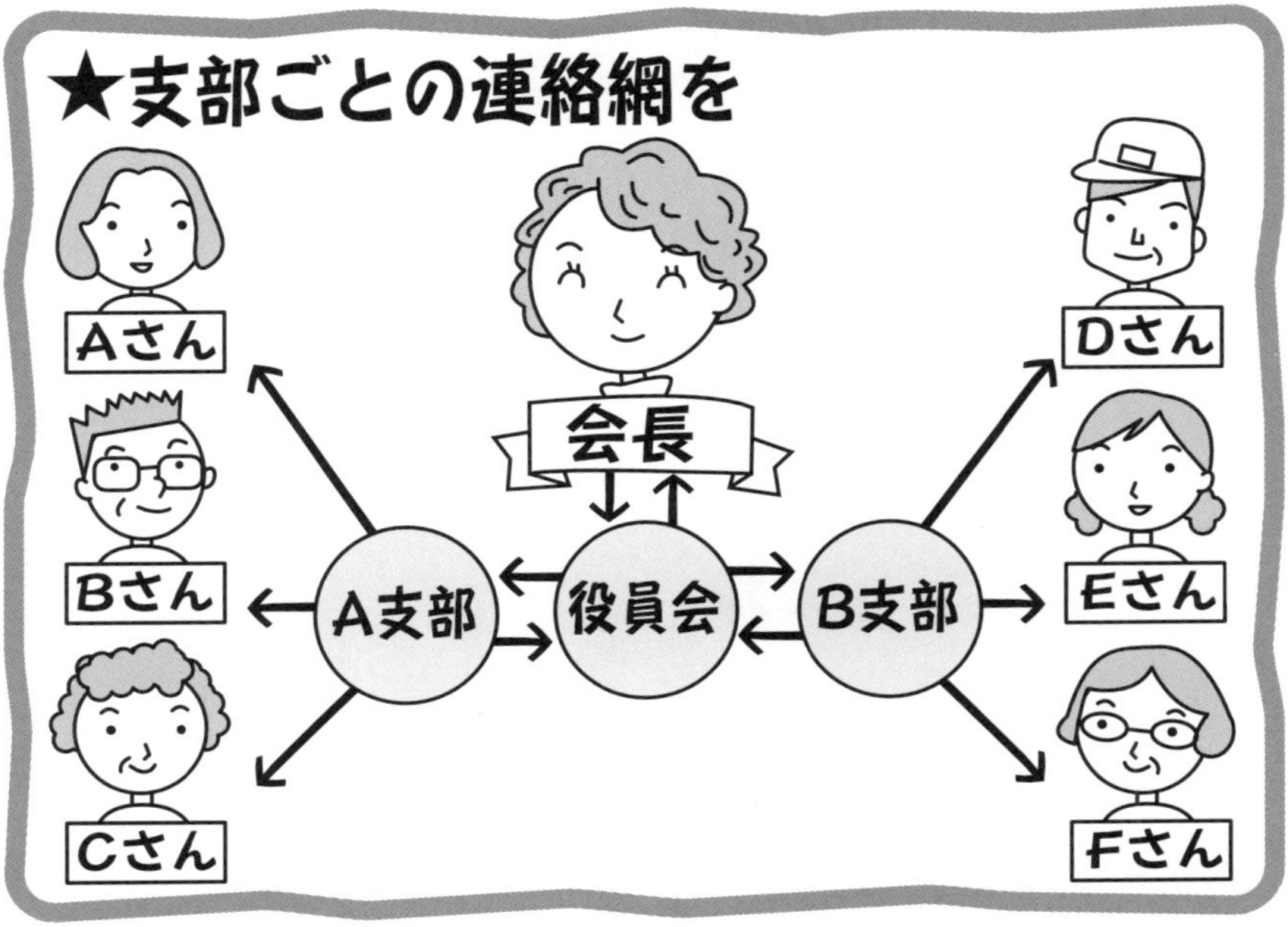

（3）余剰金は有効に配分

販売品の売上額から手数料などを徴収して組織活動を運営しますが、会計年度末になると収支結果がでます。組織的な農産物直売活動は法人化していなくても「みなし法人」として扱われ、法人並み事業税の対象になります。余剰金が生じますと五割程度の税金を納める義務があります。

そこで、ある程度収支の予測ができる段階で、それまで赤字をおそれて控えていた支出を検討します。期末になってから会員に精算すると、余剰金の利益還元とみられて税金の対象になるおそれがありますので注意が必要です。

その使い道を以下に説明します。

・会員への還元

会員の当番手当、イベント時の日当、会員の商品納入のための運搬手当、会員が家庭で行なう包装作業手当、先進農業地・先進直売活動の研修視察費用、作付計画・新規作物栽培研修会費用など

・顧客への還元

感謝セールなどのイベント、安売り目玉商品の補填費用

・地域社会への貢献

役場・福祉施設などへの寄付、身障者・高齢者をイベントに招待する費用、福祉施設などへの物品の寄贈、若者や女性などの地域活動への支援、交流活動・文化活動などへの支援

・新商品開発などへの先行投資、設備投資

新規作物の栽培に挑戦する人への補助、（苗の支給など）、農産加工に挑戦する人への補助、ハウス・加工室などの施設整備に対する補助

・役員手当

役員手当を十分に出していない組織が多いですが、役員の仕事はきわめて重要であり忙しいので、いつまでもボランティアでは永続した活動には支障を来します。収支が黒字になる見通しがたてば、役員手当を出すべきでしょう。総会に提案して理解を得てください。

（４）組織の基盤がために必要なこと

●規律の確立

農産物直売所間や既存流通業者との競争が激しくなってきましたので、店の決まりを守らない会員は致命傷ともなりかねません。組織の引締めを図り、規律の確立が求められます。

とくに、客からの苦情が多い会員、当番などの決まりを守らない会員、仲間の調和を乱す会員などには、会長などから厳しい注意が必要で、出荷停止などの処分も検討してください。そのためにも、あらかじめ規約などで処分について明文化しておくことが必要です。

総会時には、設立理念や目的などを全員で再確認したり、新たな決まりを決議することが必要です。

●新規会員募集

店が順調に発展すると、生鮮野菜などの供給が間に合わなくなって販売するものが不足することがあるので、品揃えの対策が必要です。

新規会員の募集もその対策のひとつです。計画当初は定員を集めるのに苦労するところが多いのですが、店が成功したとわかると、入会希望が増えるものです。ところが当初からの会員は、新たに会員が増えると自分の売上げが減るおそれがあるなどの理由で、入会に反対する人も出ます。どこの成功している直売所でも、新規会員募集にはかなり悩んでいるようです。

途中から新規会員を入れる場合は、入会金の金額を再検討することも必要です。店が発展してくるまでにさまざまな有形無形の財産が蓄積されています。手数料などの資金で購入した資材・備品など有形資産、店の知名度を高めた無形資産があります。それらを評価して入会金額を新たに決めます。ある直売組織は設立当初の入会金は五万円でしたが、数年後の新規入会者には約四〇万円をお願いしたそうです。

●組合員の世代交代について

長年運営している組織では、世代交代が必要になり、その組織の会員権利の継承が問題になります。会の規約でそこまで決めてあればよいのですが、決めてない場合は新たに追加する必要があります。

一般に、個人間で会員権を移動することは規約で認めていない例が多いですが、その会員の農業を継承する家族への権利移動は認めても差し支えないでしょう。規約などに「会員権利の継承」項目を入れて、継承が認められる場合を想定しておくことも必要かもしれません。

岩手県紫波町「紫波ふる里センター」では、会員（組合員）を世帯とし、家族であれば誰でもが会員番号を取得できるようにしており、世代交代は心配ないようです。

会員の後継者の確保・育成は大きな課題です。農産物直売活動だけではなく日本農業の基本的課題ですが、むしろ、直売活動に参加している農業者は一般に元気がよいので、その農家の息子や娘がその生き生きした様子を感じ取っていて、農業を継ぐ確率が高いのではないでしょうか。

出荷しない会員対策

活動年数が長くなりますと、会員は当然その分年齢が高くなり、店ができたころは元気であった方も生産力が落ちてきます。農業の後継者がいれば問題ないでしょうが、いない場合もあります。また、年齢的には問題はなくても何らかの事情で農業生産を縮小する人もいます。

そのような理由で、店にわずかしか商品を出荷しなくなる会員が増えてきます。発足して十年近くになる店では一～二割はいるようです。その会員が退会して新規会員と変わってくれればよいのですが、会員でいる特典がありやめない例が多いようです。個別コンテナ販売方式を採用している店では、このような会員が増えると店内に空間が目立って困ります。

そのような場合を想定すると、年間一定額以下の販売実績しかない会員は、会をやめてもらうような規則が必要になります。会員の最低販売額の義務づけです。

ただし、友達になった仲間と離れたくない、親睦などの行事に参加したいなどと、直売活動が生きがいになっている方々も多いので、名誉会員のような扱いをして、繁忙期の店の支援や親睦会の参加などの関わりを持つようにするのもひとつの方法です。

表7　法人化のメリット

①対外的な信用ができ、市場取引きがしやすくなる。
②社会保険などが適用され雇用しやすくなる。
③個人の地位が確立できる。
④家計と経営が分離できる。
⑤経営者としての意識が芽生える。

表8　法人化する際の課題点

①株式会社の場合は、農地が持てない。
②出資金・資本金を集めると、その割合に応じて総会の議決権が割り当てられるので、活動に関心を持たないものから安易に寄付金感覚で資本金を募ると、「決めたいことが決められない」など、後に困ることが生じるおそれがある。活動組織の主体性が失われないようにすること。

●法人化の検討

必ずしも法人化を奨めるわけではありませんが、たとえば地元のワインなどの酒類を販売したい場合は、法人化が必要になります。

農産物直売活動で農業者がつくる法人には、農事組合法人、有限会社、株式会社があります。

農事組合法人＝農業に係わる共同施設の事業経営を行なうなどの法人

有限会社＝資本金を引き受ける人（社員という）が五〇人以下の法人

（5）直売所の今後の課題

●食品安全対策

・加工食品は保健所の認可を受けた施設で生産を

近年は販売している食品に対して安全性を求める世論が厳しくなり、不良品を販売すると大手食品会社といえども、存立が脅かされる事態になります。

従来は漬物に限っては、無許可施設で生産したものでも販売が認められていましたが、最近は厳しいようです。

また、そのほかにも農産物直売所では農業者がつくる無許可農産加工品が販売されていましたが、今は認められません。農業者が加工する農産加工品といえども甘えが許されない時代です。

販売する農産加工品はすべて保健所の認可を得た加工施設で、許可条件を守って生産するようにしてください。

・製造物責任法（ＰＬ法）について

製造物の欠陥により、人の生命、身体または財産にかかわる被害が生じた場合は、その製造業者などが損害賠償の責任を負うことになります。この場合の製造物とは、製造または加工されたものであり、未加工の農林畜水産物は対象外です。

トラブルの事例としては、次のようなものがあります。

・加工品のなかに石や金属のような不純物が入っていた。

・加工品にホッチキスが入っていた（商品の袋をホッチキスでとめるようなことは避けましょう）。

・加工品に髪の毛が入っていた。

・乾燥品にかびが生えていた。

・ジュース打栓機でビンが欠けて他のビンの中に入った。

農産物直売所が絡んだＰＬ法のトラブル例はまだないようですが、これからはわかりません。注意してください。なお、何かトラブルが発生したときのための「ＰＬ法保険」のようなものがあり、中小食品業者はかなり加入しているようです。

●品質管理対策

生鮮食品については、鮮度と熟度に気を配り、採りたてのものを販売するように努めてください。

加工食品については、食品の安全性を保証する方法として、「ハサップ（ＨＡＣＣＰ）システム」という考え方が注目を集めています。その手法は、食品の製造・加工工程のあらゆる段階で、微生物汚染などの危険について評価を行ない、その分析結果に基づいて対策を講じ安全性を確保し、しかも作業工程ごとに検査する方法です。

大手食品会社の工場などでは、この方法を採用するところが増えています。農産物直売所で販売する農業者の加工品にこの方式を採用するまでには相当の時間がかかると思いますが、加工食品の製造については、保健所の指導を守ってください。

不正表示・不当表示対策

・有機農産物・無農薬農産物の表示について

ＪＡＳ法（農林物質の規格化及び品質表示の適正化に関する法律）が改正され、平成十三年四月より有機農産物、有機栽培、オーガニックという表現を勝手には使えなくなりました。

① 有機農産物のＪＡＳ規格に適合するものであるかどうかの検査を登録認定機関で受けて合格し、ＪＡＳマークの貼付されたものでなければ、「有機野菜」などの表示をしてはならないことになりました。

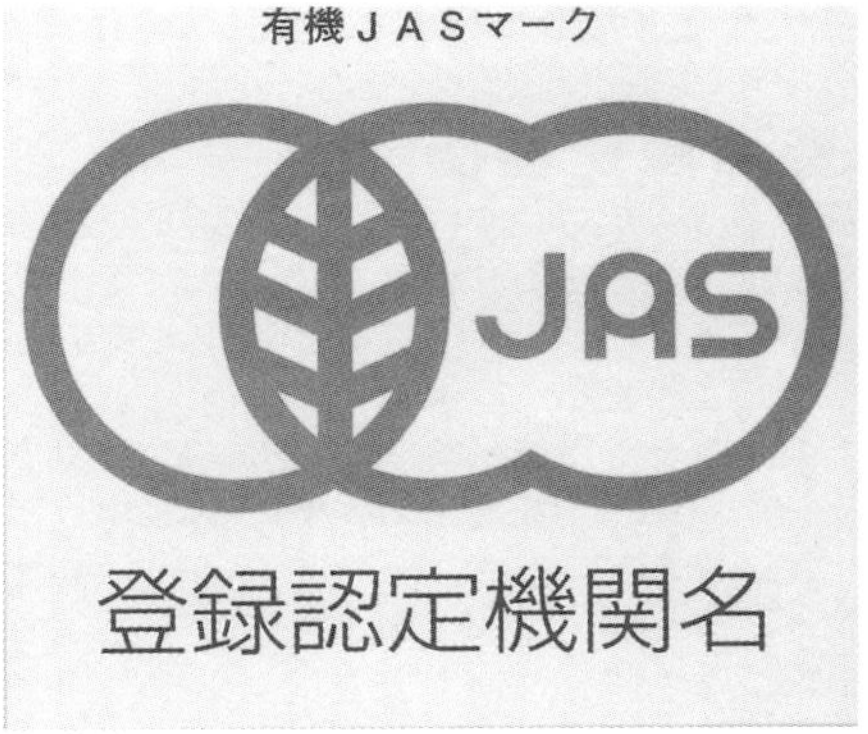

有機農産物のJASマーク

② 関連して規制の対象となる表示は、たとえば「有機野菜」、「有機栽培米」、「ばれいしょ（有機農産物）」「キャベツ（オーガニック）」、「にんじん（有機農法）」などです（「有機低農薬栽培」などの有機農産物とまぎらわしい表示も規制されます）。

また、特別栽培農産物については、農水省が表９（次頁参照）のような基準（ガイドライン）をつくっています。これ以外のものは、別の表現をしてください。

販売代金の管理と引継ぎ

農産物直売所は売上額が多い割には現金の管理が無防備であると、泥棒がねらっているようです。とくに金曜日から日曜日までや連休時の売上げをまとめて保管するような際は注意が必要です。店の一三〇キロもある金庫を一人の泥棒が持ち去ったといった例もあります。店長や当番者が売上金を閉店後に家に持ち帰るのも金額が多いと危険です。

金融機関と相談して、休日などの入金方法をきちんと取り決め、責任の所在をはっきり決めて契約しておくことをすすめます。

表9　農林水産省が示す特別栽培農産物等の基準

［**特別栽培農産物**］

●無農薬栽培農産物
　栽培期間中農薬を使わずに栽培された農産物
●無化学肥料栽培農産物
　栽培期間中化学肥料を使わずに栽培された農産物
●減農薬栽培農産物
　栽培される当該地域の慣行農法と比べおおむね５割以上使う農薬を減らして栽培された農産物
●減化学肥料栽培農産物
　栽培される当該地域の慣行農法と比べおおむね五割以上使う化学肥料を減らして栽培された農産物

［**域外生産物の原産地表示**］

　食品の品質表示において原産地を表すように、ＪＡＳ法（農林物質の規格化及び品質表示の適正化に関する法律）が改正されました。以下に簡単に示します。

●農産物の表示概要
　名　称：その内容を表す一般的な名称を記載
　原産地：国産品は都道府県名（市町村名、その他一般に知られている地名でも可）を記載。
　輸入品は原産国名（一般に知られている地名でも可）を記載。
　同じ種類の農産物で複数の原産地の物を混合している場合は、全体重量に占める割合が多いものから順に記載。
　表示例：タマネギ／北海道産　　キャベツ／つまごい産

●水産物の表示概要
　名　称：その内容を表す一般的な名称を記載
　原産地：国産品は漁獲された水域の名称（例えば、相模灘）を記載。
　　ただし、水域名の記載が困難な場合は、水揚げした港名（例えば、境港）または水揚げした港が属する都道府県名を記載。
　輸入品は漁獲された原産国名を記載。
　解　凍：冷凍したものを解凍した場合は解凍と記載。
　養　殖：養殖されたものである場合は養殖と記載。

●畜産物の表示概要
　名　称：その内容を表す一般的な名称を記載
　原産地：国産品は国産と記載するか主たる飼養地が属する都道府県名、市町村名、その他一般に知られている地名を原産地として記載。
　輸入品は原産国名を記載。（生体を輸入の場合は細かい決まりがあります）。

表示例：牛バラ肉／国産　　豚肩ロース肉／鹿児島

●玄米及び精米の表示概要

名称、原料玄米、内容量、精米年月日、販売業者等の氏名または名称、

<table>
<tr><td>名　　称</td><td colspan="4"></td></tr>
<tr><td rowspan="2">原料玄米</td><td>産　地</td><td>品　種</td><td>産　年</td><td>使用割合</td></tr>
<tr><td colspan="4"></td></tr>
<tr><td>内容量</td><td colspan="4"></td></tr>
<tr><td>精米年月日</td><td colspan="4"></td></tr>
<tr><td>販売者</td><td colspan="4"></td></tr>
</table>

住所及び電話番号を下記の様式に従い一括して表示。

●加工食品の表示概要

名称、原材料名、内容量、賞味期限（品質保持期限）、保存方法、製造業者等（輸入品は輸入者）の氏名または名称及び住所を下記の様式に従い一括して表示。輸入品の場合は、この他に原産国名を記載。

名　　称	○○○○
原材料名	○○、○○、○○ （食品添加物は食品衛生法に従い記載する）
内 容 量 固 形 量 内容総量	該当する項目がある場合は全て記載する。
賞味期限	この枠の外に記載する場合は、記載場所を明記する。
保存方法	「10℃以下で保存」等具体的保存方法を記載する。
原産国名	○○○○
製 造 者	住所、氏名（輸入品は「輸入者」、販売者を表示の場合は「販売者」とする。）

●補足

・外食やつくったその場で販売する弁当などは、この品質表示基準の対象とはなりません。

・上記のほかに「遺伝子組換え食品の表示」基準もあります。

・詳しく知りたい方は、地方農政局企画調整部消費生活課にお問い合わせ下さい。

第2章

農産物直売所の新規事業の可能性

1　店舗・販路の拡大

(1) 二号店の設立

地域内に

地域内に二号店を展開するといった例は多くあります。ひとつの農協やJA女性部が管内にいくつも店を出す場合が多いようです。農協以外でも、千葉県印旛村で有限会社「グリーブ」を設立し農産物直売活動を展開している農業青年グループは、「グリーブ」本店のほかに、成田店、平賀店、佐倉店を設け、幅広く事業展開しています。

出店する場所や販売品目などを考慮し、競合は避けましょう。

近隣都市部に

近隣の都市部に二号店を出す例も多くあります。高知市内には周辺町村の直売所（地元ではアンテナショップと総称している）がありますが、伊野町のJA女性部は町内に六カ所の直売所（ここは直販所と表現）を持つほかに、高知市内に一カ所の直販所を出店しています。その場所は日曜雑貨品を販売するホームセンターの駐車場に立地して、相乗効果があるようです。販売する商品を朝早く農協の集出荷場前の駐車場でトラックに積み込み、販売担当者とともに高知市内直販店に行き、夕方残品とともに帰ってくる方式です。

ある農産物直売所は県都にあるデパートから二号店を店内に出すように誘われ、デパートの取り分を売上金額の一〇％にまけるのを条件で出店に応じたということです。

輸送中のトラブルなど多少の危険が伴い、運搬・販売する人の手当など経費が余分にかかります。二号店は車で一時間以内程度のところにするべきでしょう。また二号店を出した都市側で店員を雇うと人件費が高くつき、消費者の情報も得にくくなります。店員を雇わずに、荷物と一緒に農業者が地元からついていくことを奨めます。

地元本店と二号店との販売品の調整が問題になる場合があります。専従職員が一元的に取り仕切り振り分ける

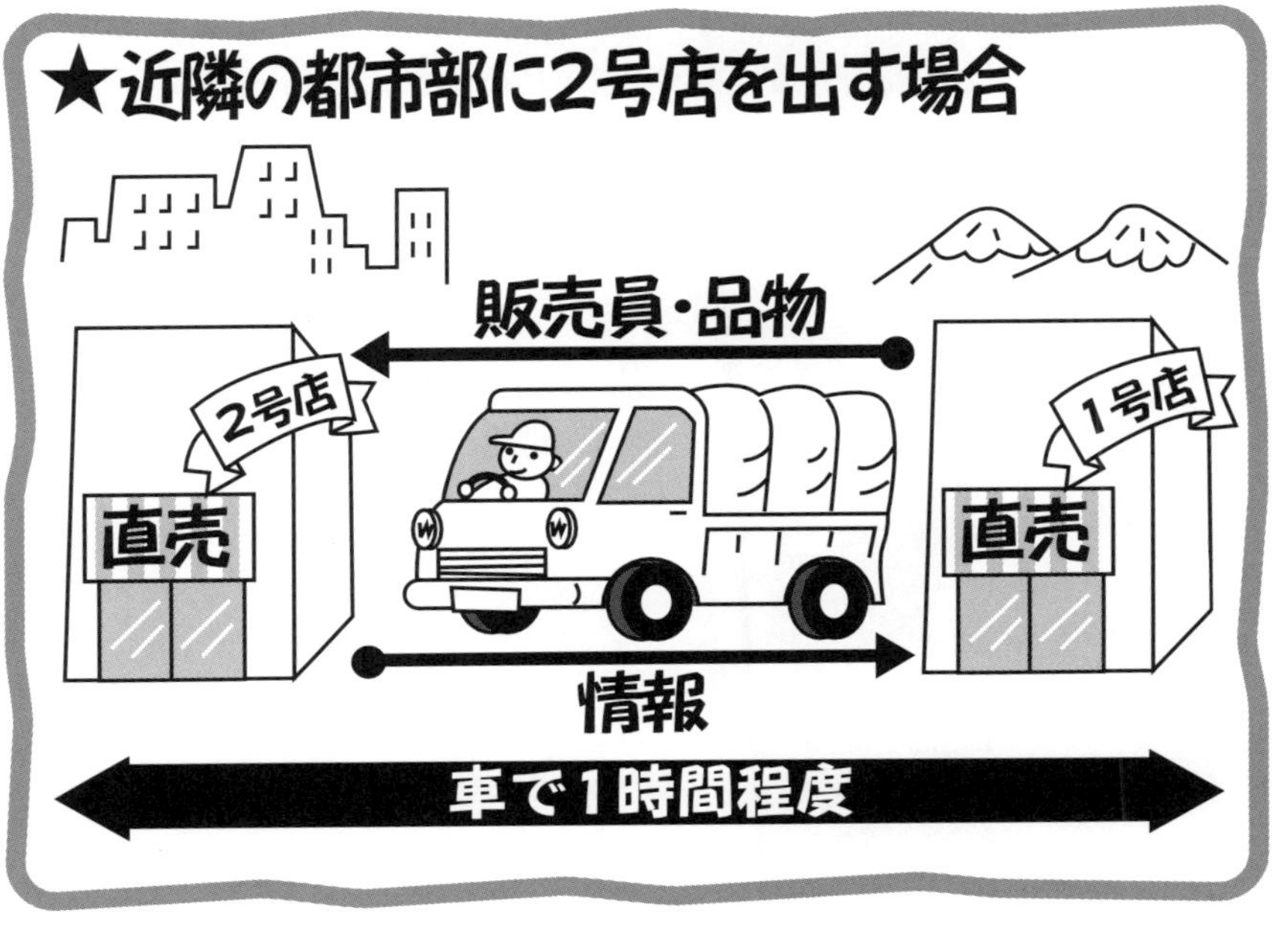

例、本店と二号店で出品者を変える例、農業者個々にどちらに出品するか判断させる例などがあります。

(2) 通信・契約・出張販売

通信販売をインターネットを利用して始めるところもこれから増えるでしょう。個人客のほかにスーパーなど流通業者からの注文もくるようになると思います。

注文の量が少ないうちは心配いりませんが、大量注文には気をつけてください。数回に分けて徐々に注文量を増やし最後は逃げてしまう詐欺にあう例が、町村の産業公社などで増えています。

果樹などの特産物があるところでは、契約販売も可能です。会社の贈答などに利用されるでしょう。

出張販売は経費的に考えると、荷物とともにトラックで日帰りできる範囲がよいでしょう。販売先に泊まるようでは、よほどの企画を考えないと収支が合わないと思います。山形県のある地区の七戸の専業農家は、グループで週一回定期的に定点(数カ所)で出張直売活動を展開し、年間五千万円の売上げをあげています。一口に出張販売といっても、内容や売上額は多様です。

2 直売活動の周辺にある業務を取り込む

(1) メリットが大きい加工施設の整備

農産物直売活動が改めて地域農産物加工活動を盛んにし、ふるさとの伝統食文化を復活させています。福島県矢祭町では、農産物直売所「太郎の四季」を開設したところ、そこで販売する加工品をつくるために既設の加工施設を利用する人が増えたといいます。加工施設の利用で場所の取合いが始まっているような例もあります。

活動に参加して元気の出た農業者が各地で自宅の物置などを改造して加工施設をつくり、保健所の認可を受け、食品加工を始めています。

直売所が加工施設を併設する動きも広がっています。農産物と同様に直売では流通経費がかかりませんから、少量の手づくり食品でも一般の流通食品と比べても価格競争で負けません。また、直売ということで防腐剤のような添加物を抑えられ、安全・安心な食品をつくれます。つくったものを直売する利点を活かせるので、今後は直売所に併設した加工施設が増えてくると考えられます。売残り生鮮農産物の活用策としても意味があります。

(2) 農村レストランへの挑戦

農村レストランの併設も増えてきました。当初はそば、うどん、おにぎり、コーヒー、ジュース程度の軽食喫茶が多かったのですが、最近は農村レストランと呼べる立派な食堂が各地に出現しています。

農業者が経営するのですから、地元の食材を活かし郷土料理・伝統食を復活させ、一般の食堂やレストランと違って、都市住民にとってなつかしくて珍しい味わいのある店にしていただきたいと思います。ある農村レストランの開店計画を手伝ったとき、ラーメンやカレーライスはやめようと提案しましたが、地元民や子どもにも利用してもらうには必要だと反論されました。やはり、地元の人々にも愛されるレストランとするべきでしょう。

郷土料理の復活だけではなく、地域の食材を活用して新しい食文化メニューも開発してください。地域の果物を利用したシャーベット、アイスクリーム、ジャム、ケーキや手づくりハム・ソーセージ、ハーブ利用メニューなどいろいろ考えられます。

レストランを併設すると、売れ残った野菜などを利用できるという利点もあります。一定のルールを決めて、鮮度の落ちないうちに加工品として利用してください。

(3) 地域内施設への食材供給

直売活動が軌道に乗り、地域内各種施設への食材供給まで手を広げているところもあります。保育所、学校給食、福祉施設などへ地域の旬の食材を提供することは、食農教育や福祉的効果をもたらし、社会貢献活動にもつながります。

学校給食への供給は、年間通した供給量の確保、品質や大きさなどの統一、輸入野菜との価格競争などむずかしい問題があるようですが、各地で検討されています。

岩手県東山町「産直センターひがしやま季節館」では、学校給食用に野菜類を平成十二年の実績で年間約二百万円供給しています。だいこん、にんじん、ごぼう、じゃがいもなどの根菜類を中心に、玉ねぎ、長ねぎ、白菜、きゅうり、トマト、りんごも含まれていますが、根菜類以外は数量（ロット）の確保に苦労するようです。また、学校給食運営者は納入価格重視の姿勢で、毎月輸入野菜を扱う業者と入札で競争となり、地域内自給で安全な地元食材を子どもに食べさせようという理念を表に出して頑張っているようです。

岐阜県中津川市「アグリウーマン中津川」では、平成十二年に市内学校調理場と共同調理場にさつまいもとさといもを供給したのが好評で、量的拡大や年間供給の話があるようです。

福祉施設などへの食材供給も可能です。高知県伊野町の直販所では、福祉施設の給食に供給しています。上述した「産直センターひがしやま季節館」も福祉施設に納入しています。

ある旅館では直売所の野菜が一番品質がよいので、朝買出しに行くと言っています。旅館、ホテル、レストラン、企業の社員食堂に野菜などを供給する農産物直売所は各地にあります。観光の最盛期に、近隣の宿泊施設に出張販売をして売上げを伸ばす例もあります。

高齢者宅や冠婚葬祭への仕出し弁当の配達を始めた直売所もあります。

3　地域間交流や地域経済の拠点に

（1）農産物直売所間交流のすすめ

農産物直売所間で相互に生鮮品や加工品を融通して販

地域内の直売所をまとめて紹介する
ガイドマップなどもつくられている

(山形県櫛引町「産直あぐり」)

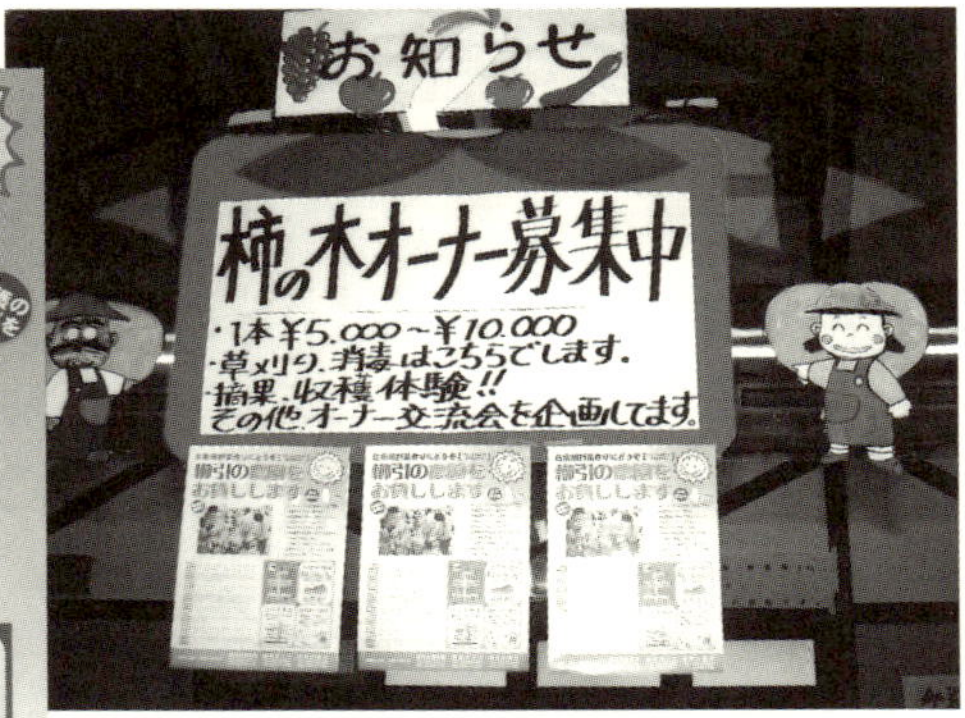

(山形県櫛引町「産直あぐり」)

体験農園を開園したり、果樹のオーナー制度を始める直売所も増えている

売できないでしょうか。お互いに自分のところで生産できないものを交換して販売すると、相乗効果があがると思います。

すでに実施しているところも多いと思いますし、りんごの産地とみかんの産地の直売所間交流のようなものは、今後盛んになると思います。

農産物直売所と水産物直売所の交流も消費者に喜ばれます。比較的近くの漁業協同組合女性部などを招いて直売してもらうイベントなどもお奨めします。また、農産物直売所と水産物直売所が併設の道の駅などがありますが、利用者には便利です。

ただし、直売所は地元でとれたもの、自分たちがつくったものを販売するのだという「こだわり」が大切で、地域外のものを売るとかえって店の評価を落としてしまうというおそれもあります。地域外のものを販売する際は、その数量、品物、売り方などについて店の理念に照らして慎重に検討してください。

近くの直売所が共同で大安売りなどの産直イベントを実施したり、共同の直売イベントを行なうのも、消費者への農産物直売活動そのものの宣伝のために効果があります。

さらに飛躍するためには、農産物直売活動を行なっているグループ同士の研修会も重要でしょう。

東北地方では有力な直売所リーダーやその会員を集めて、平成十年四月から「東北地方産地直売所サミット」を開催しています。平成十二年八月の第四回サミットには六五〇名の参加者を得ました。全員でもっと活動を活発にするための知恵の出合いをしています。

また、「全国朝市サミット」は第一回を平成九年十一月に山口県で開催し、全国規模の大会となっています。平成十二年十月には大会が高知県で開催され、全国一八道県の関係者の参加を得ています。

(2) グリーン・ツーリズム拠点施設としての役割

グリーン・ツーリズムの推進が全国的に展開されています。グリーン・ツーリズムとは、従来の一過性の観光旅行と違って、都市住民に農村地域に滞在してもらい、そこの自然、文化、人々との体験、交流、ふれあいを楽しんでもらう余暇活動です。

グリーン・ツーリズムで農山漁村に来る客は、体験民宿農家や公的な宿などに滞在し、さまざまな農村における体験をしたうえ、農村レストランなどで郷土料理を食べ、農産物直売所で地域特産物などを土産として買ってもらえると期待されます。

最近、農産物直売所のなかには、訪れる都市住民に手軽なグリーン・ツーリズム活動を直売所周辺で楽しんでもらおうというところが現われてきました。直売所周辺に観光果樹園などの観光農園、芋掘りなどの体験農園、バーベキュー広場などの楽しい食事の場、小動物ふれあい公園、木工・竹細工・陶芸・炭焼きなど伝統工芸体験施設、小川の水遊びや森の散策といった自然とのふれあいの場などを整備して、都市住民に提供するものです。

岩手県大野村は八戸市から車で一時間の農村ですが、「おおのキャンパス」には、木工・陶芸・裂き織り・ガラス体験工房、動物ふれあい公園、工芸品展示館、農村レストラン、牧場、パークゴルフ場、温泉、クロスカントリーコース、ミルク工房などが整備されています。その入り口に農産物直売所があります。都市からは離れていて普段は交通量の少ない道路に面しているので、農産物直売所としては立地条件がよいとは言えませんが、まさに一カ所に集中して手軽にグリーン・ツーリズムを体験できるさまざまな施設が整っていますので、休日の集客力がよくなり、直売所も成功しています。

都市住民を販売の主な対象とする農産物直売所では、周辺に手軽なグリーン・ツーリズム体験を提供する施設や場の整備が、今後の重要な課題となってくるでしょう。また、グリーン・ツーリズムをすすめる地域では、都市住民に地元の物を販売する拠点として、農産物直売所を設けることが不可欠な要素となってきます。

（3）農産物直売所は地域の核となる存在

地域の時代、地域の自立、地方自治の推進、中央依存体質の是正、企業誘致時代の終息など、中央と地域・地方を対比して、地域の自主自立自助の必要性が最近とみに叫ばれています。中央政府が財政的に追い込まれ、大手企業がひところの力を失った今日、中央に依存せずに地域で少しでも経済的に自立することが、今のわが国ではきわめて重要な時代的要請となってきました。

また、農林水産物の流通に対する考え方も、戦後続いた系統流通による中央への集中政策から、地域生産地域消費活動が見直されるなど、流通経路の多様化に向けた改革がすすんでいます。さらに、六次産業論に示されるように、第一次産業側が二次・三次の分野を取り込んで素材に付加価値をつけて地域で消費する新たな動きが現われてきました。

このような時代の動向を受けて、市町村などの地域において、地域を経営するという考え方が必要となってきました。地域の経済は、その地域の資源を地域の人の知恵と努力で活かして、少しでも地域として自立していこうという概念です。

そのような考え方をすすめるうえで、農産物直売所は地域の中心的な存在になります。地域の生鮮品、加工品、工芸品などを販売するだけではなく、それらの生産活動を活発にして伝承技術を復活し、訪れた客に観光宣伝をし地域の情報を発信し、新たな地域の観光拠点となり、グリーン・ツーリズムの拠点になります。

まさに、農産物直売所は農村地域における地域経済推進の拠点となります。

参考：農産物直売活動などに対する農林水産省の支援策

●経営構造対策事業

地域ぐるみでの担い手の育成・確保を図るために必要な土地基盤整備、生産・加工・流通施設（直売施設）、情報施設等を総合的に整備。

補助率：1/2以内（沖縄県は2/3以内）

事業主体：市町村、農協、農業者の組織する団体等

●経営構造対策推進事業：全国推進事業

地域の農産物を活用して、加工・販売・サービス事業等を行なうことにより、高付加価値農業を展開するために必要な知識を習得するための「アグリビジネススクール」を開設。

●新山村振興等農林漁業特別対策事業

山村等中山間地域の振興を一層促進するため、地域の個性を活かした多様な地域産業振興（直売施設、処理加工施設等）、山村・都市交流とこれを支援する豊かな自然環境、地域の担い手の確保に重点を置いた総合的な地域振興施策を展開する。

補助率：5.5/10～4/10（沖縄県は2/3）以内

事業主体：市町村、農協、森林組合、漁協、農林漁業者が組織する団体、第3セクター等

●高齢者活動促進システム確立事業

①地域農業マスタープラン、農山漁村高齢者ビジョンを踏まえた活動計画の策定

②高齢者を活用した地場農産物の生産、販売、加工技術の研修等

③加工、販売等の活動に必要な簡易な機械等の整備

補助率：1/2以内、定額

事業実施主体：都道府県、市町村、民間団体

●特定地域新部門導入資金のうち新部門経営開始資金

新しい作目などを取り入れた経営を始めるときに必要な種苗、農薬、肥料、家畜、機械などの購入費、施設の設置費（併せて行なう加工・販売のための経費）を貸し付ける。

貸付金限度額：1,800万円

償還（据置）期間：12（5）年

利用できる地域：中山間地域、離島地域、豪雪地域、振興山村、半島地域、過疎地域、特定農山村地域、奄美群島、小笠原諸島、沖縄

関連文献資料

『都市近郊の青果物産地における地域流通の販売管マニュアル』
（直売所・スーパー・生協産直・宅配便産直の手引き）平成 12 年 4 月
　編集：青果物地域流通研究会
　発行：社団法人全国農業改良普及協会
　　（注：東京、神奈川、静岡、山梨の１都３県の事例調査をもとに作成）

『JA ファーマーズ・マーケット推進マニュアル』平成10年６月
　発行：JA 地域特産加工全国連絡協議会、全国農業協同組合中央会
　　（注：JA グループ内限定出版物）

『ひろがる農産物直売所ー運営の手引きー』平成10年３月
　発行：中国四国農政局計画部資源課・中国農業試験場（総合研究第３チーム）
　　（注：主に中国四国地方の農産物直売所の情報をもとに作成）

『ファーマーズマーケットの運営と未来戦略ーミニフォーラムの記録ー』平成11年３月
　発行：財団法人 21 世紀村づくり塾

『ファーマーズマーケットの運営と戦略ー新しい流通チャネルの確立をめざしてー』平成10年３月
　発行：財団法人21世紀村づくり塾
　　（注：全国６事例調査結果とアンケートの分析）

執筆代表者　（株）農村開発リサーチ　代表取締役　田中　満
（電話：047－323－4751）
執筆協力者　千葉大学園芸学部園芸経済学科　助手　櫻井　清一
青森県名川町「名川チェリーセンター101人会」
元会長　川村　綾子
岩手県紫波町「紫波ふる里センター」組合長
堀切　眞也
山形県櫛引町「産直あぐり」運営管理組合
組合長　渋谷　耕一
高知県JA伊野町直販部　部長　浜田　好子

本書についてのお問合わせ先
（財）都市農山漁村交流活性化機構　調査企画部
〒103-0028　東京都中央区八重洲1－5－3
不二ビル8F
電話：03（3548）2712　FAX：03（3276）6771
URL：http://www.kouryu.or.jp

農産物直売所《ファーマーズマーケット》・運営のてびき

～地域の活力を生み出す直売活動～

平成13年9月1日　第1刷発行
平成22年7月10日　第11刷発行
企画編集：財団法人　都市農山漁村交流活性化機構
〒103-0028 東京都中央区八重洲1丁目5-3不二ビル　8F
TEL　03（3548）2711　FAX　03（3276）6771

発　　行：社団法人　農山漁村文化協会
〒107-8668　東京都港区赤坂7-6-1
TEL　03（3585）1141（営業）　03（3585）1144（編集）
FAX　03（3589）1387　振替　00120-3-144478

ISBN978-4-540-01160-3
〈検印廃止〉

製作／（株）新制作社
印刷・製本／（株）廣済堂
定価はカバーに表示